機械系 教科書シリーズ　6

材　料　学（改訂版）

久保井　徳洋
博士（工学）　樫原　　恵藏　共著

コロナ社

刊行のことば

　大学・高専の機械系のカリキュラムは，時代の変化に伴い以前とはずいぶん変わってきました。

　一番大きな理由は，機械工学がその裾野を他分野に広げていく中で境界領域に属する学問分野が急速に進展してきたという事情にあります。例えば，電子技術，情報技術，各種センサ類を組み込んだ自動工作機械，ロボットなど，この間のめざましい発展が現在の機械工学の基盤の一つになっています。また，エネルギー・資源の開発とともに，省エネルギーの徹底化が緊急の課題となっています。最近では新たに地球環境保全の問題が大きくクローズアップされ，機械工学もこれを従来にも増して精神的支柱にしなければならない時代になってきました。

　このように学ぶべき内容が増えているにもかかわらず，他方では「ゆとりある教育」が叫ばれ，高専のみならず大学においても卒業までに修得すべき単位数が減ってきているのが現状です。

　私は1968年に高専に赴任し，現在まで三十数年間教育現場に携わってまいりました。当初に比べて最近では機械工学を専攻しようとする学生の目的意識と力がじつにさまざまであることを痛感しております。こうした事情は，大学をはじめとする高等教育機関においても共通するのではないかと思います。

　修得すべき内容が増える一方で単位数の削減と多様化する学生に対応できるように，「機械系教科書シリーズ」を以下の編集方針のもとで発刊することに致しました。

1. 機械工学の現分野を広く網羅し，シリーズの書目を現行のカリキュラムに則った構成にする。

2. 各書目においては基礎的な事項を精選し，図・表などを多用し，わかり

やすい教科書作りを心がける。

3.　執筆者は現場の先生方を中心とし，演習問題には詳しい解答を付け自習
　　も可能なように配慮する。

　現場の先生方を中心とした手作りの教科書として，本シリーズを高専はもと
より，大学，短大，専門学校などで機械工学を志す方々に広くご活用いただけ
ることを願っています。

　最後になりましたが，本シリーズの企画段階からご協力いただいた，平井三
友幹事，阪部俊也，丸茂榮佑，青木繁の各委員および執筆を快く引き受けてい
ただいた各執筆者の方々に心から感謝の意を表します。

2000 年 1 月

編集委員長　木本　恭司

ま　え　が　き

　工学の基礎になる機械工学科で，設計，工作の分野にも深くかかわる材料学について学ぶとき，金属材料，高分子材料，無機材料，複合材料など非常に多岐多様な材料を満遍なくこなすと，材料の羅列ではないかと批判されそうである。専門的に深く研究している内容について述べていくと，講義時間の制約から材料のごく一部分だけしか扱うことができない。これにはもちろん講義する者の能力にもよるわけである。

　本書は，機械工学科学生に対して行ってきた材料学の講義ノートをもとに加筆・編纂しなおしたものであり，材料学の教科書として利用されることを主たる目的に執筆しているが，ときに際しそれぞれの分野での材料選定のために役立つことができれば幸いである。浅学の者であればこそ，このような広範囲にわたる内容について扱うことができたものと思う。内容については多くの文献で確認をしつつまとめたつもりであるが，不備，不適切な箇所についてのご指摘をお願いする次第である。

　卒業後，企業で開発設計部門，生産技術部門のいずれについて仕事をする場合でも，必要とされるものは競合材料，代替材料について金属・非金属のバリヤフリーの知識である。また，より深く研究するために進学する者については，理論的な展開の強い材料強度学や結晶学，金属物理学，高分子化学，無機化学などを学ぶことを薦める。

　本書のあらゆる箇所で，多大な数の専門書，教科書，雑誌，企業カタログ等を参考にさせて頂いた。ここに記して深く謝意を表したい。

2000 年 3 月

著　者

改訂版の出版にあたって

『材料学』（機械系教科書シリーズ6）が発刊されてから20年以上が経過し，この間，日本産業規格（JIS）の規格は大きく様変わりした。今回の改訂では主にJISの規格を更新した。機械技術者として習得すべき基礎知識は今も昔もほとんど変わらない。これからも本書を用いて機械材料の基礎知識を学び，JIS規格を参照しながら用途に応じた適切な材料選定ができるようになることを願っている。

2023年3月

著　者

目　　　次

1.　　総　　　　　論

2.　　金　属　材　料

3.　　高 分 子 材 料

4.　　セラミックス材料

5.　複　合　材　料

1

総　　　　論

1.1　機械材料の分類と規格

　機械材料は用途の面から，機械構造物に使用する材料，機械部品に使用される材料，機械工作のための工具材料などと定義することもできる。

　また，材料の化学的な成分の面から，金属材料，有機材料（高分子材料），無機材料（セラミックス）に分類されることもある。最近の技術の向上によって，これらの境界を越えた複合材料の分野での新素材，新材料が開発されている。

　分類の系統の細分では，つぎの**表 1.1**〜**表 1.3**のようになっている。材料の規格については，本書では JIS を基本とした。

表 1.1　工業材料の分類（金属材料）

金属材料	鉄鋼材料	普通鋼	一般構造用，機械構造用
		合金鋼	溶接構造用，耐候性鋼，高張力鋼，工具鋼，ステンレス鋼，耐熱鋼，ばね鋼，軸受鋼，快削鋼
	非鉄金属材料	Al 合金	Al 合金展伸材，鋳物用 Al 合金
		Cu 合金	Cu 金属展伸材，鋳物用 Cu 合金
		Ni 合金	耐熱材料，耐食材料，電気材料，磁性材料
		Ti 合金	耐食性合金，耐熱合金

表1.2　工業材料の分類（非金属材料）

非金属材料	高分子材料	プラスチック	熱硬化性樹脂，熱可塑性樹脂，汎用エンプラ，スーパーエンプラ
		ゴム	天然ゴム，汎用合成ゴム，特殊合成ゴム
		接着剤	瞬間接着剤，嫌気性接着剤，ホットメルト，溶剤形接着剤，水性形接着剤，感圧形接着剤，二液混合形接着剤
	無機材料	ガラス	光ファイバ，強化ガラス，結晶化ガラス，フォトクロミックガラス
		耐火物	れんが，耐火断熱材，保温材
		セラミックス	エンジニアリングセラミックス，エレクトロニックセラミックス，オプトセラミックス，バイオセラミックス

表1.3　工業材料の分類（複合材料）

複合材料	金属基複合材料	粒子分散強化金属（サーメットを含む），繊維強化金属（FRM），クラッド材料，一方向凝固共晶合金，多孔質金属
	プラスチック基複合材料	繊維強化プラスチック（GFRP，CFRP，AFRP）ゴム系複合材（タイヤ）
	セラミックス基複合材料	繊維強化セラミックス（FRCe），粒子分散強化セラミックス，ウィスカー強化セラミックス

1.2　設計と材料選定

　構造物や装置の設計をする際に，金属，ポリマー，セラミックス，複合材料などから選定するには，これらの材料特性と使用環境を十分に把握しておかなければならない。

　設計において，ベースとなる構造物の部材や機械装置の部品は構造用炭素鋼を用いる。特定の部材や部品では，ステンレス鋼やアルミ合金，銅合金，ニッケル合金，チタン合金などが用いられる。このとき，異種金属を組み合わせる場合には，電池作用による腐食の可能性を考えておかなければならない。場合によっては絶縁材料を間に挟まなければならないこともある。このために，設

計を一部手直ししなければならないことにもなる。

設計の決め手となる材料特性についての重要なデータも，使用される状態で試験されたものではないことに留意すべきである。金属材料の成分組成にしても，溶湯の成分組成であって部材や部品そのものの成分組成ではない。また，標準試験片での熱処理の効果は，実際の部材や部品になると形状およびサイズによって大きく異なってくる。部材の強度については材料力学に基づいて行われているが，その対象物である材料には完全なものはないという意識を持たねばならない。材料試験でのテストピースと，部材や部品との形状およびサイズの違いによる効果は，単に応力に断面積を乗じた値を強度として計算できるものではない。寸法効果や亀裂の存在をパラメータとして取り入れていなければ，事故を避けることは不可能となる。材料強度学（破壊力学）に基づき，切り欠きのない部材が破壊する前に降伏するかどうか，破壊が脆性破壊かまたは延性破壊かを検討しておくべきである。

構造物に亀裂が発生し，これが成長して破壊に至る箇所として，材料の組織変化の著しい箇所や不均一な応力の作用する接合部などがある。このような特異点をなくすような設計をしなければならない。

一般的な材料では，安全率という考え方を取り入れることで，静的荷重下における設計が行われている。しかし動的荷重による疲労では，引張強さよりはるかに低い作用応力で破壊することが多い。また，衝撃荷重による破壊も予測しがたいものである。腐食環境が重なると，さらに破壊は予想外の速さで起こる。特に応力腐食割れの危険を知らなければならない。

最近では，成形加工や組立加工などの製造コストを大幅に低減することができるために，金属からプラスチックへの代替が非常に多くなってきた。軽量で耐食性に優れている点で，ステンレス鋼やアルミ合金の競合材料として十分な価値がある。しかし，プラスチックによる設計では，金属やセラミックスに比べて耐熱性が低い点が難点である。そこで剛性と強度と靭性が高い繊維強化プラスチック（FRP）の製造によって，プラスチックの強度の向上を図った。複合材料の部材はオーダメイドであるので，設計には十分な応力解析を行ってい

なければならない。

　セラミックスは耐熱性，耐食性，耐摩耗性，高硬度という優れた特性を持った材料である。これを構造用材料として取り入れる場合は，内部に気泡や欠陥を含み，つねに強度の大きなばらつきがある脆性材料であることを考えて扱わなければならない。単なる金属の代替品として設計に取り入れるのではなく，安全を確保するには統計的手法を使用しなければならない。

　特性に対する信頼性に欠ける点と，耐久性に関するデータの不足のために，新材料を積極的に設計に取り入れる例は少ない。新材料・新素材の採用によって製造コストが高くなることもありうるので，コストパフォーマンスは非常に重要である。製品のコストは，材料コストと製造コストに左右される。これまでにない機構の設計や，製造方法と組立方法の選定によって，コストパフォーマンスを上げることを選ぶべき場合もある。

1.3　材料の試験および検査法

　材料を大きく分けると金属材料，非金属材料，複合材料の３種類になるが，その金属も鉄鋼材料と非鉄金属材料とに分けられる。また，非金属材料は高分子材料と無機材料とに分けられる。機械や構造物を設計し製造する場合，これらの種類の材料から最適な材料を選び出さねばならない。その際，規格によって分類された材料の中から選択できれば非常に便利になる。

　それらの材料を構造物や機械部品として使うときに，材料の機械的性質と呼ばれる材料の強さ，硬さ，ねばり強さなどのデータが必要となる。このデータを得るために，試験片を用いて行われるのが材料試験である。分類された材料によって試験片の形状寸法，試験機の種類や，試験の方法も異なってくる。

　広く行われている試験としては引張試験，曲げ試験，硬さ試験，衝撃試験，加工性試験などがあり，それらの試験方法は，JIS などの規格によって規定されている。

　この節では，金属材料に関する試験方法を取り上げて，それによって知り得

る材料特性について理解を深めることを目標とする。

1.3.1 硬 さ 試 験

硬さは，最も硬い物質であるダイヤモンドを基準にして比較する。

金属材料の場合，硬い基準のもの（圧子という）として焼入れ硬化した鋼球を用い，これを試験片に力を加えて押しつけると試験片表面に凹み（圧痕）ができる。その圧痕の深さ，または直径を計ることで材料の硬さを表すことができる。軟らかい材料の圧痕は深く，また圧痕の直径は大きくなる。非常に硬い材料の場合，鋼球の圧子では圧痕がほとんどつかない。圧子の材料を最も硬いダイヤモンドにし，圧子の形状を円錐型またはピラミッド型のものに変えれば圧痕が深くなる。ロックウェル硬さ試験機，ビッカース硬さ試験機，ブリネル硬さ試験機などはこのタイプの試験機である。

ここで使われる試験片は，平行平面に切り出された小さいものである。これらの試験機は，除振台の上に置かれて持ち運びはできない。もっとコンパクトにして現場で使えるものが必要な場合がある。また，平行平面に切り出さなくとも製品のままの形で測定できればより便利になる。そのような場合には，鋼球の自然落下による跳ね返りを利用する。反発係数が大きい硬い材料だと，鋼球がよく跳ね上がる。跳ね上がった高さで硬さを表すのをショア硬さ試験機という。

1.3.2 引 張 試 験

材料に引張力を加えると，材料は伸び変形をし終りには破断してしまう。引張荷重と伸びとの関係を示すグラフが**荷重–伸び線図**と呼ばれるものである。このグラフのピーク値を試験片の断面積で割った値が**引張強さ**と呼ばれるものである。破断するときの力の大きさをその断面積で割った値は**破断強さ**と呼ばれる。試験片が伸びるにつれて，一部分が細くくびれてくる場合がある。このような材料では，破断時の荷重はピーク値よりも低下しているのが普通である。硬い材料の場合はくびれがほとんどなく，破断強さがピーク値となる。ど

のような太さの材料でも，材質が同じであれば引張強さは同じ値になる。JIS
4号試験片と呼ばれている金属材料の引張試験片は，平滑な丸棒で，その平行
部分は長さ50 mm，直径14 mmある。

　荷重をかけることによって変形しても，除荷すると元の形に戻ることが，構
造物の設計での基本である。これを弾性限度内での設計という。これ以上の負
荷を与えることによって変形が残ってしまうことを**材料の降伏**といい，そのと
きの力の強さを**降伏応力**（降伏点）という。プレス加工をする場合には重要な
値となる。

　軟鋼の引張試験では，**図1.1**に現れているように，**上部降伏点**（A点），
下部降伏点（B点），**降伏点伸び**（長さ*L*）といわれる特徴がみられる。硬鋼
や非鉄金属の引張試験ではこのような特徴はみられない。そのような場合に
は，降伏点の代わりに0.2%**耐力**というものを使う。その大きさを求めるに
は，荷重–伸び線図において，引張試験片平行部の長さの0.2%にあたる伸び
の点から，最初の直線部分に平行に引いた直線と，データの曲線との交点の荷
重を使う。

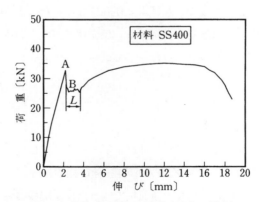

図1.1　荷重–伸び線図（降伏点ありの場合）

　いま，引張試験によって得られた**図1.2**のようなデータからこれらを求め
てみる。この材料の引張強さは，グラフのピークの荷重102×10^3 Nを試験片
の断面積$\{\pi \times (7 \times 10^{-3})^2\}$〔$m^2$〕で割った値

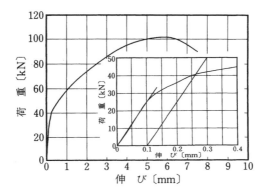

図1.2　荷重-伸び線図（降伏点なしの場合）

$$662\,604\,252.9\ \mathrm{[N/m^2]} = 662\,604\,252.9\ \mathrm{[Pa]} \fallingdotseq 662.6\ \mathrm{[MPa]}$$

となる。

　耐力の値を計算すると，単位面積当りの荷重（応力）で表すと

$$\frac{41\times10^3\,\mathrm{[N]}}{\{\pi\times(7\times10^{-3})^2\}\,\mathrm{[m^2]}} = 266\,340\,925.2\ \mathrm{[N/m^2]} = 266.34\ \mathrm{[MPa]}$$

　このデータから材料の破断ひずみ（伸び／平行部分の長さ）を計算すると

$$\frac{7.5}{50} = 0.15$$

すなわち15％のひずみとなる。通常この値は数％から十数％程度である。この値を100〜1 000％にもなるように工夫された金属を**超塑性合金**と呼んでいる。

1.3.3　衝　撃　試　験

　材料に急激な力が作用したとき，意外と壊れやすいものである。このように材料がもろいかまたは粘り強いかを比較するための材料試験法を**衝撃試験**という。試験片の取付け方によって，シャルピー衝撃試験機とアイゾット衝撃試験機とがある。試験片のサイズは10 mm×10 mm×50 mmで，2 mmVノッチ，2 mmUノッチ，5 mmUノッチなどがフライス加工によって入れられている。

　その原理は，始めに振り子型ハンマーの衝撃前の位置エネルギーを求め，つ
ぎに，ロックを外しハンマーを振り降して試験片に衝撃的な力を加え試験片を
破断させる。ハンマーが勢いあまって反対側へ上がったときの位置エネルギー
を求め，この値と始めの位置エネルギーとの差で衝撃強さを表すことにしてい
る。破断に要したエネルギーが**吸収エネルギー**と呼ばれるものである。**図1.3**
に示すように，金属材料では室温以下のある温度で急激に吸収エネルギーが低
下する。この温度を**遷移温度**といい，脆性破壊の評価に重要な意味を持つ。

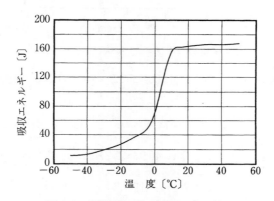

図1.3　衝撃試験による吸収エネルギー

1.3.4　疲　労　試　験

　金属材料は，小さい荷重では破壊しないが，その程度の荷重でも繰り返しか
けると，繰返し数が増えるにつれそのうちに破壊する。このような破壊は**疲労
破壊**（fatigue fracture）と呼ばれ，変形量が小さいのでいつ壊れるか外から見
てもわからないので，事故につながるおそれがある。

　そこで，規格化された試験片に一定の荷重を周期的にかけて，破壊するまで
の繰返し数を調べるのが疲労試験機というものである。変動応力は降伏点以上
と以下とに分けられる。その種類には，引張りまたは圧縮の変動応力が作用す
る場合の片振り疲労試験，引張りおよび圧縮の変動応力が作用する場合の両振
り疲労試験，それに回転曲げ疲労試験などがある。また，繰返し数の範囲に

よって，10^4 以下を低サイクル，10^7 以上を高サイクル疲労という。

縦軸に応力振幅（S），横軸にその応力に対する破壊までの繰返し数（N）を対数目盛でとったグラフを，**S-N曲線**と呼ぶ。その例を**図1.4**に示す。その曲線が水平になるときの応力を**疲れ限度**と呼ぶことにしている。これ以下の応力では，いつまで経っても疲労破壊しないことを意味している。一般に，引張強さの大きい材料ほど，また材料の表面が粗いほど疲れ限度が低くなる。そのために機械部品の表面は滑らかに仕上げることが要求されている。それは疲労による破壊を起きにくくするためである。

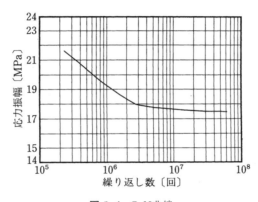

図1.4 *S-N* 曲線

1.3.5 クリープ試験

高温で使用される材料についての規格は非常に厳しくなる。設計上の重要なデータを得るために，温度を一定に保ち，一定な荷重を長時間負荷し続ける。材料に一定の外力が加え続けられると，その変形は時間とともに増加していく。この現象を**クリープ**（creep）という。時間の経過とともに引張ひずみを測定するのがクリープ試験である。**図1.5**にその一例を示す。経過時間は 10^5 時間（11.4 年）に及ぶこともある。

ある温度の下で，材料が破断するまでの時間と応力の関係を得る試験を**クリープ破断試験**という。この試験は大きな応力をかけるので，比較的短時間で結

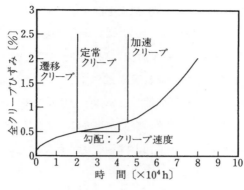

図 1.5 クリープ試験の一例

果を得ることになる。実用鋼では，種々の機構によって強化を図っているので，実際にクリープが問題となるのは約 400℃ 以上である。

1.3.6 加工性試験

素材から成形品を作る場合の，加工限界を調べる目的で行われるのが加工性試験である。特に薄板のプレス成形性試験は重要である。張出し成形性試験として，エリクセン試験，コニカルカップ試験，液圧バルジ試験，円筒深絞り試験などがある。

1.3.7 非破壊検査

これまでの試験の結果は，使用する部品や構造物そのものについての値ではない。実際に使用する製品そのものの部分から試験片を切り出すと，製品を破壊してしまうことになる。材料を破壊しないでその表面や内部に割れや傷などの欠陥があるかどうかを確かめておくために行う検査を**非破壊検査**という。この検査を行うことによって，つぎのようなことができる。

1) 製品または材料の全体にわたって検査ができる。

2) 製造工程の途中で検査をすれば，欠陥を発見した時点で，製造を中止できる。

3)　素材の欠陥部のみを取り除いて使用することができる。

4)　使用中の機械または部品をそのまま検査できる。

非破壊検査のおもな種類は，つぎのようなものである。

〔**1**〕　**超音波探傷法**　　超音波探傷法は，**探触子**と呼ばれるもので高周波パルスを材料に送り込み，材料の底面と欠陥のある箇所からの反射を受信部で増幅してブラウン管に写すことによって欠陥の位置を知ることができる。おおよその大きさも知ることができる。また，材料に加えた外力によって内部欠陥に応力集中が起こり，欠陥近傍で不均一変形が起きる。変形によって解放されるエネルギーを超音波としてとらえ，欠陥検出に威力を発揮するのが**アコースティックエミッション**（AE：acoustic emission）と呼ばれる検査法である。

〔**2**〕　**浸透探傷法**　　　これは，材料の表面に着色された浸透液をスプレーすると，開口した欠陥に液が浸透し欠陥を検出する方法である。

〔**3**〕　**磁粉探傷法**　　　磁粉探傷法とは，材料を磁化すると，表面に欠陥があれば表面に漏洩磁束が生じる。酸化鉄などの微粉末が漏洩磁束のあるところに吸着され，欠陥を検出する方法である。

〔**4**〕　**放射線探傷法**　　　放射線探傷法とは，内部の欠陥がある所では放射線の透過する厚さが少なくなるため濃度が濃くなり，欠陥を検出する方法である。

1.3.8　金属組織観察

金属の諸性質とその組織とは深い関係がある。肉眼で見えるマクロ組織は，PやSなどの偏析や割れの検出のために行われる。ミクロ組織の観察では，研磨紙や研磨液によって鏡面仕上げを行い，特定の腐食液で表面をエッチングすることで結晶粒の方位に応じて凹凸をつくる。光の反射を利用した金属顕微鏡によると，へこんだ所からの反射が弱く，暗く見えて組織が区別されて観察できる。組織と硬さは深い関係があるので，提携して行うとより正確になる。

1.3.9 成 分 分 析

　ほとんどの実用材料は，主成分のほかに副成分として多くの添加物や不純物（介在物ともいう）を含んだ合金である。これらの副成分の種類と含有量は，製品規格からも制限がある。製造工程や出荷時の検査にも化学分析および機器分析によって定性的または定量的な分析試験が行われる。

　製鋼工程における成分分析の値と，製品の成分との間にいくらかの差異があることを認識することが大切である。

───── コーヒーブレイク ─────

　元素記号を間違えることはないでしょうか？

　アルミニウム（aluminium）の元素記号は Al ですね。

　炭素（carbon）の元素記号は C ですよね。

　それでは，鉄（iron）の場合は？　金（gold）の場合は？　銀（silver）の場合はどうなるの？

　これまで疑問に思ったことはありませんか？

　金属データブックを開いてみると，その答えが見つかりました。そうです，この元素記号は，そのラテン名から付けられていました。

日本語名	英語名	ラテン名	元素記号
鉄	Iron	Ferrum	Fe
金	Gold	Aurum	Au
銀	Silver	Argentum	Ag
銅	Copper	Cuprum	Cu
スズ	Tin	Stannum	Sn
ニッケル	Nickel	Niccolum	Ni
ナトリウム	Sodium	Natrium	Na
カリウム	Potassium	Kalium	K
チタン	Titanium	Titanium	Ti
タングステン	Tungsten	Wolframium	W
ケイ素	Silicon	Silicium	Si
亜鉛	Zinc	Zincum	Zn

　完全に一致はしていませんが，なんとなく納得できるようになったでしょう。

演　習　問　題

【1】　機械装置や構造物を設計したり製作していくためには，いろいろな材料につい
ての詳しい知識が必要になる。JIS の規格に合った材料試験によって得られた
データを使うとき，どのような点に注意しなければならないかを説明せよ。

2

金 属 材 料

　人類の歴史は石器（いわゆるセラミックス）時代から始まった。続いて起こった青銅器時代，鉄鋼時代，非鉄金属時代といった金属の工業材料への利用が現在も続いており，これからも大きくは変わらないだろう。

　機械工業の中でも特に重工業では，今もって鉄鋼材料が基礎素材として用いられている。製造法，加工法に関する技術開発と研究の長い歴史によって，多種多様な鉄鋼が機械材料として多用されてきている。

　構造用材料として強度を重視してきた鉄鋼に対して，機能性に目を向けて電気・電子工業や化学工業で盛んに利用されているのが非鉄金属材料である。なかでもアルミニウム合金が広範囲にわたって使用されている。そして今この分野では，非金属材料である高分子材料やファインセラミックスの使用量が増加している。

　種々の機械や構造物を設計し，製造に携わる機械技術者にとって材料の選択は重要な課題である。理論的に金属の本質に迫ることもときには必要であるが，多くの場合には適材を選択できる幅広い知識が求められる。本章ではこのような観点から実用工業材料を扱っている。

　また，「人間が作ったものに完璧なものはない」との鉄則を忘れないようにしなければ，材料の破壊による事故を防ぐことはできないということを心すべきである。特に金属材料は，構造部材や機械部品材料として重要な位置にあるからなおさらである。

2.1　金属の結晶構造とその性質

　金属材料は，原子レベルの規則性や不規則性に従ってさまざまな挙動を示す。

この節では，金属原子の特徴とそれに起因する機械的・物理的性質の基本的事項について理解を深めることを目標とする。

2.1.1 **金属材料とは**

多くの金属は原子が3次元的に規則正しく広範囲に配列している状態にあり，いわゆる**結晶**（crystal）として存在している。

金属は以下の特徴を持つために，工業用材料として多く使われている。

1) 常温で高密度であり，結晶性を持つ。

2) 加工性に優れている。

3) 電気伝導性および熱伝導性がよい。

4) 不透明で金属特有の光沢を持つ。

図2.1は光学顕微鏡で観察した純アルミニウムの組織である。一般に金属材料は数多くの結晶からなる**多結晶**（polycrystal）で，個々の結晶は**結晶粒**（crystal grain）と呼ばれる。結晶粒の原子配列の方向は不特定であるので，隣接結晶粒間では明瞭な境界が現れる。この境界を**結晶粒界**（grain boundary）という。

図2.1 純アルミニウムの光学顕微鏡写真

2.1.2 **結 晶 構 造**

結晶を構成する原子の配列は**結晶格子**（crystal lattice）と呼ばれる。立体的

な対称性を考慮した基本となる格子を**単位胞**（unit cell）という。単位胞の一辺の長さは**格子定数**（lattice constant）と呼ばれる。金属の種類によって単位胞の形態は異なるが，金属元素の多くはつぎの三つのいずれかをとる。

〔**1**〕　**体心立方格子**（body-centered cubic lattice：bcc）　　**図2.2**（*a*），（*b*）のように立方体の八つの隅と立方体の中心に原子を配列させた結晶構造である。結晶性を考える上で図（*a*）のほうが視覚的にわかりやすい。

（*a*）

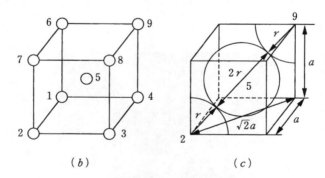

（*b*）　　　　　　（*c*）

図2.2　体心立法格子

体心立方格子の単位胞当りの原子数を求める。ここで単位胞に含まれる原子に1—9の番号をつけることにする。立方体の隅にある八つの原子は，上下・左右の他の単位胞にも共有されるので，考える単位胞に含まれる原子数はそれぞれ1/8個となる。つまり原子1—4と原子6—9の原子数の合計は1/8×8=1個となる。

単位胞の中心にある原子数は1個であるから，求める体心立方格子の原子数は2個であることがわかる。

つぎに，体心立方格子の原子半径と単位胞に占める原子の体積率を求める。**図2.2**(c)のように格子定数をa，原子半径をrとする。体心立方格子で互いに接している原子は，例えば原子2，5，9である。このとき原子2と9の中心間の距離は

$$\sqrt{(\sqrt{2}a)^2 + a^2} = \sqrt{3}a$$

原子2と9の間は$4r$であるから，求める体心立方格子の半径rは$\sqrt{3}\,a/4$となる。

つぎに単位胞に占める原子の体積率を考える。単位胞当りの原子数は2個であるから，その体積は

$$\frac{4}{3}\pi\left(\frac{\sqrt{3}a}{4}\right)^3 \times 2 = \frac{\sqrt{3}\pi a^3}{8}$$

単位胞の体積はa^3であるから，体心立方格子の単位胞に原子が占める体積率は

$$\frac{\sqrt{3}\pi}{8} \fallingdotseq 0.68$$

すなわち，体心立方格子の原子が占める体積率は68％となる。

〔2〕 **面心立方格子**（face-centered cubic lattice：fcc）　　**図2.3**(a)，(b)のように立方体の八つの隅と各面の中心に原子を配列させた結晶構造である。面心立方格子の単位胞当りの原子数を求める。立方体の隅にある原子は，体心立方格子と同様に，原子1—4と原子10—13の原子数の合計は$1/8 \times 8 = 1$個となる。

各面の中心にある原子（5，6，7，8，9，14）が単位胞に属する原子数はそれぞれ$1/2$個であるから，$1/2 \times 6 = 3$個。したがって，面心立方格子の単位胞当りの原子数は4個となる。

(a)

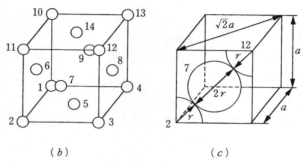

(b)   (c)

図2.3 面心立方格子

例題2.1 面心立方格子の原子半径と単位胞に占める原子の体積率を求めよ。

【解答】 図2.3 (c) のように原子2, 7および12の配列をみれば, 原子半径 r と格子定数 a との関係は $\sqrt{2}a = 4r$ が成り立つ。したがって, 面心立方格子の原子半径は $\sqrt{2}a/4$ となる。単位胞当りの原子数は4個であるから, その体積は

$$\frac{4\pi}{3}\left(\frac{\sqrt{2}a}{4}\right)^3 \times 4 = \frac{\sqrt{2}\pi a^3}{6}$$

単位胞の体積は a^3 であるから, 面心立方格子における原子が占める体積率は

$$\frac{\sqrt{2}\pi}{6} \fallingdotseq 0.74$$

すなわち体積率は74%となる。

〔**3**〕　**稠^{ちゅう}密六方格子**（hexagonal close-packed lattice：hcp）　**図 2.4**(*a*)，
(*b*)のように六角柱の各隅とその六角形底面の中心に原子を配列させ，また六
角柱を構成する六つの三角柱のうち，一つおきの三角柱の中心に 1 個ずつの原
子を配列させた結晶構造である。この構造の格子定数は柱の高さ *c* と六角形の
一辺の長さ *a* との比 *c*/*a* で表され，これを**軸比**（axial ratio）という。

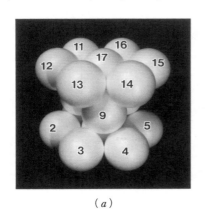

(*a*)

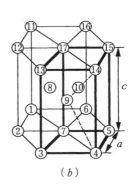

(*b*)

図 2.4　稠密六方格子

　理想的な稠密六方格子の軸比は，例えば図(*b*)の原子 4, 9, 14 を頂点とする
三角形の幾何学的関係から柱の高さ *c* は $c = \sqrt{8}\,a/\sqrt{3}$ で表され，求める軸比は

$$\frac{c}{a} = \frac{\sqrt{8}}{\sqrt{3}} \fallingdotseq 1.63$$

となる。

　稠密六方格子の単位胞当りの原子数は図(*b*)の太線で囲んだ四角柱が最小の
単位格子になることから，この四角柱内に含まれる原子数が一般的に採用され
る。単位格子（四角柱）に含まれる原子 4, 7, 14, 17 はそれぞれ 1/6 個，原
子 3, 5, 13, 15 は 1/12 個であるから，原子数の合計は

$$\frac{1}{6} \times 4 + \frac{1}{12} \times 4 = 1 \text{ 個}$$

四角柱の内部にある原子は 1 個であるから，求める原子数は 2 個となる。ま

た稠密六方格子に占める原子の割合を示す体積率は，同様にこの四角柱から求められる。四角柱の原子数は2個で，その原子半径は $a/2$ であるから，原子の体積は

$$\frac{4\pi}{3}\left(\frac{a}{2}\right)^3 \times 2 = \frac{\pi a^3}{3}$$

単位格子の体積は六角柱の底面にある 3，4，5，7 で囲まれる平行四辺形の面積が $\sqrt{3}a^2/2$，高さ $c = \sqrt{8}a/\sqrt{3}$ であるから

$$\frac{\sqrt{3}a^2}{2} \times \frac{\sqrt{8}a}{\sqrt{3}} = \sqrt{2}a^3$$

したがって，原子が占める体積率は

$$\frac{\dfrac{\pi a^3}{3}}{\sqrt{2}a^3} \fallingdotseq 0.74$$

すなわち74％となり，面心立方格子のそれと同じとなる。これはどちらも最も密に原子を充てんした原子構造をとっているからである。

2.1.3 結晶面および結晶方向の表示法

多くの金属は結晶性を有し，規則的に原子が配列しているが，機械的，化学的および電気的性質がその配列の仕方に影響されることが知られている。そこで，基準座標を設け，相対的な結晶の配列を**方位**（orientation）として表示することがしばしば行われる。体心立方格子および面心立方格子の方位は**ミラー指数**（Miller index）が，また稠密六方格子の方位は**ミラー-ブラヴェ指数**（Miller Bravais index）という表示方法が一般的に用いられる。

〔**1**〕 **体心立方格子および面心立方格子の方位の表示法** ミラー指数で結晶の方位を表示するには**図2.5**のように単位胞の3本の稜線を座標軸（X軸，Y軸，Z軸）に一致させて，面を (hkl)，方向を $[uvw]$ で表す。面の方位は単位胞内の任意の面と座標軸との交わりから，また方向の方位は方向を示す直線の座標の読みから求められる。

面の方位の求め方を**図2.6**に示す面Aと面Bを例に説明する。

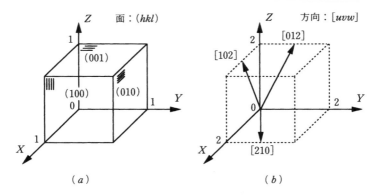

図2.5 ミラー指数による方位の表示

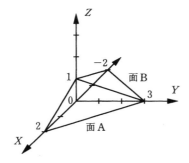

図2.6 体心立方格子および面心立方格子の面の表し方

1) 面 A と *X*, *Y* および *Z* 軸と交わる点の座標を読む。

この場合, *x*=2, *y*=3, *z*=1。

2) その逆数をとる。*X* 軸；1/2, *Y* 軸；1/3, *Z* 軸；1。

3) 分母の最小公倍数 6 をそれぞれに掛ける。

X 軸；3, *Y* 軸；2, *Z* 軸；6。

4) 面 A の方位は（326）となる。

ここでもし最小整数比に直すことができれば，その処理をする。

面 B は *X* 軸と負の方向（−2）で交わるから，面 B の方位は（$\bar{3}$26）となる。このように指数が負の値をとるときには，指数の上に −（マイナス）をつける。

軸に平行な面はその軸と無限大で交わることになるから，その逆数をとると0になる。例えば，図(a)の単位胞の3面の方位は（100），（010）および（001）である。これらの面は結晶学的にみて等価であるので，その総称として {001}で表される。

つぎに，**図2.7**を例に方向の求め方を説明する。

1）　方向を示す直線 a を原点 O に置く。

2）　直線の先端の座標を読む。$x=2$，$y=4$，$z=2$。

3）　方向の方位は［242］となる。このとき，最小整数比に直すことができるので，［121］が求める方位となる。

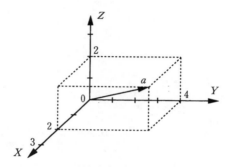

図2.7　体心立方格子および面心立方格子
の方向の表し方

図2.5(b)の三つの方位は［210］，［102］および［012］であるが，これらは結晶学的にみて等価であるので，＜012＞で代表される。

このように，面の方位は座標の逆数から，方向の方位は座標の読みそのものから求めるという違いを意識する必要がある。また，面の方位は（hkl）で，その等価な面をすべて代表させるときには {hkl} であること，および方向は［uvw］で，その等価な方向は＜uvw＞で代表させることに注意しなければならない。

〔2〕　稠密六方格子の方位の表示法　　稠密六方格子の面および方向の方位を示すミラー–ブラヴェ指数は**図2.8**のような a_1，a_2，a_3 および c の座標で与えられる。そのとき，面と方向はそれぞれ（$hkil$）と［$uvtw$］で表示される。

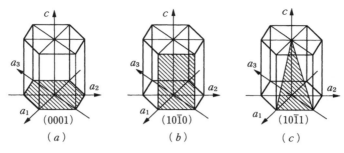

図 2.8 稠密六方格子の代表的なすべり面

ここで a_1, a_2, a_3 は幾何学的関係から $h+k=-i$, $u+v=-t$ となる。

代表的な面の方位を図(a)〜(c)にハッチングで示す。(0001) 面を **底面**（basal plane），($10\bar{1}0$) 面を **柱面**（prism plane），および ($10\bar{1}1$) 面を **錐面**（pyramidal plane）という。

例題 2.2 [$1\bar{2}10$] と [$\bar{1}100$] の方向を図示せよ。

【解答】 これらの方位は $w=0$ であるので，**図 2.9** のように底面内の方向を示す方位である。これらの方位をみれば，$u+v=-t$ が成り立っていることがわかる。

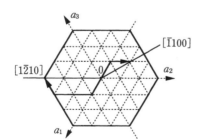

図 2.9 稠密六方格子の底面における すべり方向

2.1.4 固溶体および金属間化合物

一般に使用される金属は純金属よりも 2 種類以上の金属，または金属と非金属が合わされた **合金**（alloy）であることが多い。例えば，溶媒原子 A に溶質

原子Bを添加し，高温で溶かし合わせた後，室温まで冷却させて固体の状態
にしたとする。この冷却過程は**凝固**（solidification）と呼ばれ，溶媒原子A中
に溶質原子Bが完全に溶け合ったとき，この固体を**固溶体**（solid solution）と
いう。固溶体にはつぎの2種類があるが，原子半径が異なる異種原子が決まっ
た位置に配列しようとするので，多かれ少なかれ格子にひずみが生じる。

〔**1**〕**置換型固溶体**（substitutional solid solution）　図**2.10**(*a*)のように
規則配列する溶媒原子Aの一部分が溶質原子Bに置き換えられた固溶体で，
溶質原子と溶媒原子の大きさがあまり変わらない金属元素どうしの組み合わせ
のときに形成される。

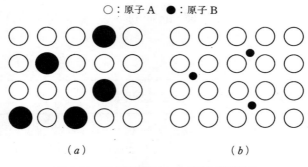

○：原子A　●：原子B

（*a*）　　　　　　　　（*b*）

図2.10　置換型固溶体および侵入型固溶体

〔**2**〕**侵入型固溶体**（interstitial solid solution）　　図(*b*)のように溶媒原子
Aの結晶格子の隙間に溶質原子Bが入り込んだ固溶体で，溶質原子と溶媒原
子の直径が大きく異なる金属と非金属（水素，炭素，窒素など）との組み合わ
せのときに形成されやすい。

〔**3**〕**金属間化合物**（intermetallic compound）　　溶質原子の固溶量が小さ
いときには，溶媒原子の結晶構造は維持されるが，溶質原子の固溶量がさらに
増加すると，溶媒原子や溶質原子とは異なった結晶構造になることがある。金
属どうし，または金属に非金属を固溶させるとき，両原子が長範囲に周期的に
配列し，原子数の比が比較的簡単な整数になる固溶体は**金属間化合物**と呼ばれ
る。

2.1.5　結晶構造の欠陥

　実在の金属は原子の配列が完全ではなく，多かれ少なかれ原子の配列に乱れがある。この乱れは総じて**格子欠陥**（lattice defect）と呼ばれる。格子欠陥は**点欠陥**（point defect），**線欠陥**（line defect）および**面欠陥**（surface defect）の３種類に分けられる。

　〔**1**〕　**点　欠　陥**　　**図2.11**のように配列すべき位置に原子がないとき，その空間を原子空孔（vacancy）といい，規則的に配列した原子の隙間に余分な原子が入り込んだとき，その原子を**格子間原子**（interstitial atom）という。

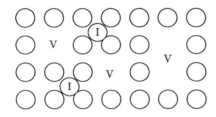

V：空孔
I：格子間原子

図2.11　空孔および格子間原子

　〔**2**〕　**線　欠　陥**　　線欠陥の代表は金属の変形に大きな役割を果たす**転位**（dislocation）である。いま転位の性質をせん断力が働くことによって生じる原子面のずれから明らかにする。そのせん断の様子を立体的に**図2.12**に示す。図(*a*)は変形前であり，a–b–c–d 面の上面がずれてせん断されると図(*d*)になる。このとき図(*a*)から図(*d*)に達する過程は，図(*b*)を経る過程と，図(*c*)を経る過程の２通りがある。

　1）　**刃状転位**　　図(*b*)を経る過程を考える。図(*b*)のように a–b–c–d 面のa–d に垂直（矢印の方向）にわずかにせん断させると，Aの部分に１枚原子面が余分に挿入される。このとき E–E′ に線状の欠陥ができる。これを**刃状転位**（edge dislocation）という。**図2.13**は刃状転位を**図2.12**中，Kの方向から見たものである。この刃状転位が a–b–c–d 面上を徐々に移動すると，結果的にa–b–c–d 面全体がせん断を受けたことになる。

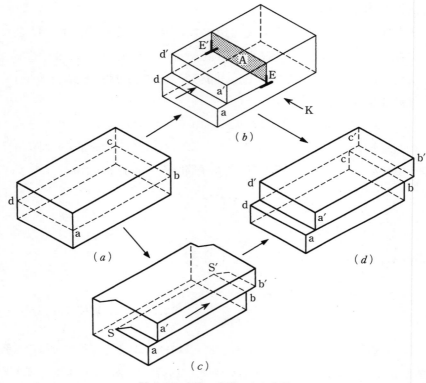

図 2.12 転位の移動による変形

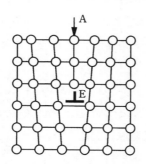

図 2.13 刃 状 転 位

2) らせん転位   図(c)を経る過程では，まず a-b-c-d 面の上面を矢印のように a-b に平行にせん断させると，a′-b′-S′-S の部分でせん断が起こる。このとき S-S′ には線状の欠陥が入る。これを**らせん転位**（screw dislocation）

という。らせん転位 S-S′ が移動すれば，結果的に a-b-c-d 面全体がせん断されることになる。

転位の性質として，刃状転位はせん断力の方向に対して垂直であり，らせん転位は平行となる。これらの転位の集団的な移動が後述するすべり変形をもたらす。

〔**3**〕 **面 欠 陥**　面欠陥の代表は**積層欠陥**（stacking fault）と呼ばれるものであり，面心立方格子と稠密六方格子の配列の違いから考えるとわかりやすい。**図 2.14**(*a*)のように平面的に原子を密に列べた原子面（A 層）の上に原子を密に積み重ねる。これを B 層と呼ぶことにする。B 層の上にさらに原子を積み重ねようとすると，c の位置に原子を積むか，a の位置に積むかのどちらかを選択しなければならない。もし，c の位置に原子を積むならば，図(*b*)のように紙面垂直から見て A 層，B 層および C 層の原子の配列位置は一致しない。これが周期的に積み重ねられると ABCABCAB…となる。この配列は面心立方格子の構造に相当する。

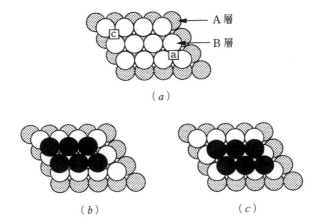

図 2.14　原子配列における面欠陥の導入

対して a の位置に原子を積むと，図(*c*)のように A 層の配列位置と一致することから，積み重ねられる原子の配列は ABABAB…の周期を持つようになる。この配列は稠密六方格子の構造になる。

　ここで ABCABCABC…の周期を持つ面心立方格子の配列から C 層を取り除いて面状の欠陥を導入すると，その配列は ABCABABCAB…となり，下線の部分だけは稠密六方格子の構造になる。この部分が積層欠陥となる。

2.1.6　金属のすべりと変形双晶

　金属は外力によって所望する形状に**変形**（deformation）されるが，金属原子があたかも水飴のように流動しながら不規則に移動するのではなく，原子の規則的な移動により変形が起こる。ここでは金属の主要な変形機構であるすべり（slip）と，あまり発生頻度は多くないが，結晶学的に重要な**変形双晶**（deformation twin）を取り上げることにする。

　〔**1**〕　**す　べ　り**　　すべりを考えるには一つの結晶粒，すなわち単結晶で考えるとわかりやすい。結晶格子の構造にかかわらず，すべりは結晶学的な規則性を持っている。それは，すべりは原則的に原子密度の最大の面で，原子密度の最大の方向に起こるということである。

　表2.1 に示すように，例えば面心立方格子では原子密度の最大の面は {111} であり，原子密度の最大の方向は<011>であるので，すべりが生じる面は {111} で，その方向は<011>ということになる。このときすべり面とすべり方向の組み合わせをすべり系（slip system）と呼ぶ。

表2.1　各結晶構造におけるすべり面およびすべり方向

結晶構造	原子密度の最大の面（すべり面）	原子密度の最大の方向（すべり方向）	すべり系の数	
面心立方格子	{111}	<011>	$4 \times \{111\}$ $3 \times <011>$	12
体心立方格子	{011}	<111>	$6 \times \{011\}$ $2 \times <111>$	12
稠密六方格子	{0001}	<0112>	$1 \times \{0001\}$ $3 \times <0112>$	3

　基本的な各結晶格子のすべり系は**表2.1**のように面心立方格子および体心立方格子では12個，および稠密六方格子では3個となる。しかし実際には体

心立方格子および稠密六方格子を持つ金属で他のすべり系が活動することも確認されている。例えば，体心立方格子の純鉄はすべり方向はつねに＜111＞であるが，すべり面は {011} 以外にも {112} や {123} がある。また稠密六方格子のマグネシウムは室温ですべり面が {0001}，すべり方向が＜0112＞となるが，高温ではすべり面が {0111}，すべり方向が＜0112＞のすべり系も付加的に活動する。

すべりは外力の分力であるせん断力がすべり面に作用し，すべり方向への原子のずれによって起こる。ここで原子のずれを生じさせる最小のせん断応力を**臨界せん断応力**（critical shear stress）という。

いま，**図 2.15** のような単結晶に外力 P が働き，単結晶の断面積を A_0 とする。すべり面の面積 A は $A_0/\cos\phi$ となり，すべり面上ですべり方向に作用するせん断力 P' は $P\cos\lambda$ となる。したがって，すべり面のすべり方向に作用する臨界せん断応力 τ は

$$\tau = \frac{P'}{A} = \frac{P\cos\lambda}{\dfrac{A_0}{\cos\phi}} = \frac{P}{A_0}\cos\lambda\cdot\cos\phi$$

となる。

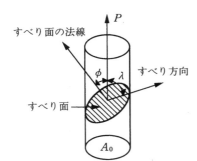

図 2.15 金属単結晶のすべり面におけるせん断の様子

ここで，すべり面でのせん断応力の大きさは外力の方向とすべり面の法線との角度 ϕ およびすべり方向との角度 λ に依存し，$\cos\lambda\cdot\cos\phi$ の値によって定まる。これを**シュミット因子**（Schmid factor）といい，どのすべり系の活動に

よりすべりが起こるのか（すなわち，どのすべり系に働くせん断応力が高くな
るか）を特定するために重要な因子となる。

　金属の変形において，与えられたひずみが小さいときには，**図 2.16**(*a*)のよ
うにシュミット因子の値が高いすべり系の活動だけで，外力の方向に追随する
すべりが可能であるが，ひずみが増加すると外力の拘束や金属に内在する組織
の欠陥により，図(*b*)のようにシュミット因子の大小にかかわらず複数のすべ
り系が活動する帯状の領域が形成される。これを**変形帯**（deformation band）
という。変形帯では複雑な変形が生じ，転位が高密度に集積する領域になり，

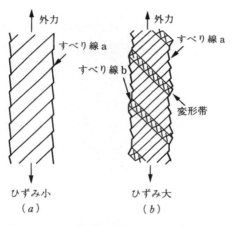

図 2.16　金属単結晶における引張変形の様子

図 2.17　純アルミニウム単結晶におけ
る変形帯の形成（猪子富久治：再結
晶・集合組織とその組織制御への応用，
日本鉄鋼協会（材料の組織と特性部
会），p.23，日本鉄鋼協会（1999））

加工硬化を促進させる。純アルミニウム単結晶を引張変形したときに表面に現れた変形帯の様子を**図2.17**に示す。

〔**2**〕 **変 形 双 晶** **図2.18**のような面心立方晶における {011} 面の結晶格子を考える。外力が作用し，{111} 面を境界面として各原子が<112>方向に境界面からの距離に比例した距離だけずれる。これを**変形双晶**という。境界面は**双晶面**，ずれる方向は**双晶方向**と呼ばれ，変形双晶が発生した結果，ずれた領域とずれなかった領域とは双晶面に関して鏡面対称の関係となる。**表2.2**に面心立方格子，体心立方格子および稠密六方格子の双晶面および双晶方向を示す。変形双晶は塑性変形時に導入され，特に低温下で衝撃的な加重を受けたときに起こりやすい。

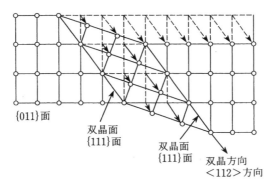

{011}面
双晶面
{111}面
双晶面
{111}面
双晶方向
<112>方向

図2.18 面心立方格子における変形双晶（矢島，市川，古沢：若い技術者のための機械・金属材料，p.50，丸善（1997））

表2.2 各結晶構造における双晶面および双晶方向

結晶構造	双晶面	双晶方向
面心立方格子	{111}	<112>
体心立方格子	{112}	<111>
稠密六方格子	{1012}	<1011>

2.1.7 回復および再結晶

　金属材料を加工する代表的な手法としては**図2.19**に示すように圧延加工，押し出し加工，引き抜き加工およびプレス加工があり，これらの加工法は板材や線材，または所望する形状を作り出すときに用いられる。このとき金属材料が室温で加工されるか，または加熱温度下で加工されるかによって**冷間加工**（cold working）と**熱間加工**（hot working）とに区別される。

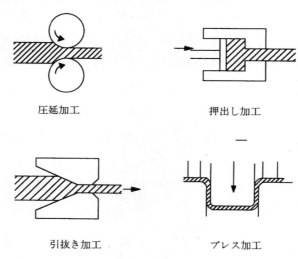

圧延加工　　　　　　　　　押出し加工

引抜き加工　　　　　　　　　プレス加工

図2.19　金属材料の加工法

　冷間加工される材料は加工度が増加するに従って固くてもろい性質を有するようになる。この現象を**加工硬化**（work hardening）という。加工硬化は微視的に考えれば，転位の集団的相互作用力が原因となる。

　加工硬化は材料中に転位などの欠陥が非常に多く導入されたことによって生じる現象であるが，高温に加熱されるとそれらの欠陥の数は劇的に減少して加工前の状態に戻る。この処理は**焼なまし**（annealing）と呼ばれる。焼なましは金属の加工工程において重要であり，冷間加工では焼なましを中間作業として入れるのが一般的である。

　焼なましは**回復**（recovery）と**再結晶**（recrystallization）と呼ばれる過程を経るが，それらは連続的に起きるので，両者の境界を明確にするのは容易では

ない。再結晶はさらに一次再結晶，正常粒成長，二次再結晶の段階に分けられる。

〔**1**〕**回　　復**　**図2.20** に加工された無酸素銅の焼なまし過程における機械的性質（引張強さ，伸び）および再結晶粒径の変化を示す。回復では機械的性質にほとんど変化は見られない。しかし，温度の上昇に伴って加工組織はわずかながら変化する。原子空孔は表面や結晶粒界で消滅し，転位は移動して近くの異符号の転位と合体して消滅する。また同符号の転位が同じすべり面上に集まると，すべり面に垂直に配列してエネルギー的に安定な状態になる。これを**ポリゴニゼーション**（polygonization）という。

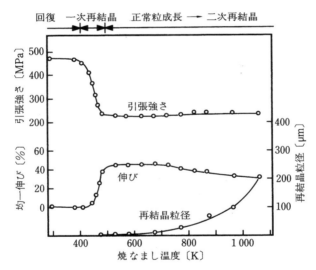

図2.20　無酸素銅の焼なまし過程における機械的性質の変化
（抜粋）（堀　茂徳，上谷保裕：伸銅技術研究会誌，p.100，
24（1985），日本金属学会編：改訂5版　金属便覧，p.621，
丸善（1990））

〔**2**〕**再　結　晶**　再結晶は回復に引き続き起きる現象であるが，その大きな特徴は組織中にひずみのない（転位密度がきわめて低い）結晶粒が新たに形成されることである。この新結晶粒は**再結晶粒**（recrystallized grain）と呼ばれる。この再結晶粒の形成が材料に急激な軟化をもたらし，**図2.20** のよ

うに引張強さが低下する一方，伸びなどの延性は改善される。

図2.21に回復-再結晶過程における組織変化の様子を示す（図2.20と比較せよ）。図(a)のように回復過程でわずかな組織変化が起きた後，再結晶粒は形成されるが，それらは組織中に無秩序に形成するのではなく，図(b)のように転位が相対的に高密度に集積した結晶粒界で優先的に形成される（その他の優先形成場所として変形帯および析出物付近がある）。その後，残存する加工組織を侵食するように成長し，もとの加工・回復組織のほとんどが再結晶粒で埋め尽くされたとき一次再結晶が完了する。

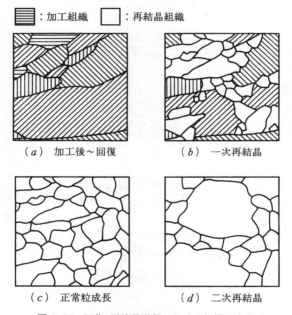

（a） 加工後～回復　　　（b） 一次再結晶

（c） 正常粒成長　　　（d） 二次再結晶

図2.21 回復-再結晶過程における組織の変化

その後さらに加熱されると，図(c)のように再結晶粒全体の粒径が緩やかに増加する。このとき加工組織はもはや残っていないのだから，一部の小さな粒径の再結晶粒が消失することになる。これを正常粒成長という。さらに温度が上昇すると図(d)のように一部の再結晶粒が異常に早く成長し，他の再結晶粒を侵食して粗大化する。これを**二次再結晶**という。

　再結晶粒の大きさは加工度および焼なまし温度と密接な関係があり，それを適度に調整することによって微細な再結晶粒を形成させて材料の強度を増加させることや，きわめて大きな結晶粒を形成させて単結晶として使用することができる。また，再結晶粒を特定の方位に集合的に配向させて，機械的性質や物理的性質を向上させることができる。鋼の加工度-焼なまし温度と再結晶粒径との関係を**図 2.22** に示す。

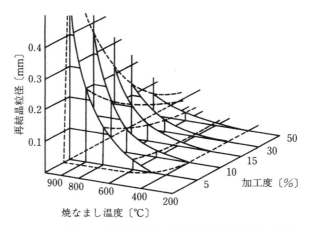

図 2.22　軟鋼の加工度-焼なまし温度と再結晶粒径との関係
（長岡金吾：機械材料学改訂版，p.125，工学図書（1998））

2.2　平 衡 状 態 図

　物質は大きく分けて気体（vapor），液体（liquid），固体（solid）の三つの状態を示す。純金属は固体実用金属材料として使われることは少なく，何種類かの金属または元素が溶融混合された**合金**（alloy）として使われることのほうが多い。合金の場合は固体のなかでも，温度や組成などの組み合わせによって結晶構造の状態（**相**：phase という）は大きく異なる。

　その合金系の組成を横軸に，温度を縦軸にして，相をまとめて示したものが**平衡状態図**（equilibrium phase diagram）である。よく扱われるのは，成分元

素が２種類のものである。３種類以上になるとその状態図は複雑である。

この節では，合金の溶解や鋳造および熱処理などに必要な状態図について理解を深めることを目標とする。

2.2.1 金属の融解と凝固

純金属では，**融点**（melting point），**凝固点**（freezing point）の二つは同じ値を持つことになっているが，実用材料の合金では，その融点と凝固点との間に差ができることもあり，その状態では液相と固相との混合した相を示すことがある。原料を製錬工程で溶解させ，溶融金属を凝固させる鋳造工程にとっては，凝固開始温度と終了温度との差が重要な意味を持つ物性となる。

熱処理の際には，加熱温度や冷却速度によって金属組織が異なってくるので，そのため製品の機械的強度も左右されてくる。

2.2.2 結晶粒の生成と成長

溶融金属の熱エネルギーが奪われ冷えてくると，その原子の活動は鈍くなり，**核生成**（nucleus）が行われる。この原子の持つ電子分布に異方性があるので，特定の方向へ結合する。時間とともに冷えた原子が核のまわりに増えていき結晶の形態を作る。これを**核の芽**（embryo）ができたという。この芽から原子が規則正しく並んだ固体（結晶：crystal）に成長する。発生する核がただ一つになるように条件を制御すると**単結晶**（single crystal）へと成長する。

鋳型のなかの溶融金属が凝固していく場合，鋳型に接している部分や表面で熱の損失が大きい。このような部分から凝固が開始され，鋳型の内部に向かって結晶が伸びていく。その結果，**樹枝状晶**（dendrite）と呼ばれる結晶に成長する。しかし，純金属の場合は凝固過程で成分の変化がないため樹枝状晶は見られない。**結晶粒界**（grain boundary）が見えるだけである。溶融金属中に多数の芽が伸びて結晶に成長したとき**多結晶**（polycrystal）になる。

溶融金属が冷却されて凝固点に達すると冷えた固体の状態の原子が発生し，

より大きな結晶へ成長していく。融液から結晶が出てくる現象を**晶出**（crys-tallization）という。結晶が成長するには時間がかかる。

　結晶化する時間を与えないくらいに速く冷却させた場合，その固化した状態を**アモルファス**（amorphous）または**非晶質**という。この固体は結晶粒界がないために，耐腐食性や電磁気特性が非常によくなる。

2.2.3　基 本 状 態 図

〔**1**〕　**状態図の見方**　　ある金属と他の金属，または非金属を溶融混合して合金を作る。二つの成分から成る合金を2元合金といい，3成分，4成分から成る合金を3元合金，4元合金という。A–B合金系において，成分Aの重量％，および成分Bの重量％は，つぎの式で表される。

$$W_A = \frac{成分Aの重量}{全成分の総重量} \times 100 〔\%〕$$

$$W_B = \frac{成分Bの重量}{全成分の総重量} \times 100 〔\%〕$$

$$W_A + W_B = 100 〔\%〕$$

　また，原子量が M_A である成分Aの原子％を (X_A) at％，原子量が M_B である成分Bの原子％を (X_B) at％とすると，(X_A) at％および (X_B) at％は次式で与えられる。

$$X_A = \frac{成分Aの原子数}{全成分の総原子数} \times 100 〔\%〕$$

$$= \left\{ \left(\frac{W_A}{M_A} \right) \middle/ \left(\frac{W_A}{M_A} + \frac{W_B}{M_B} \right) \right\} \times 100 〔\%〕$$

$$X_B = (100 - X_A) 〔\%〕$$

より求められる。

　平衡状態図（略して状態図）では，組成 W_B と X_B とを上下に併記した横軸とする図が多い。また，多くの2元合金の状態図は，中間相や固相変態の存在のために，基本的な型の状態図をいくつか組み合わせたものになっている。

　表2.3には，固相変態のなかで重要な四つの相反応を示す。

表2.3 冷却過程での相反応

相反応の種類	反応前の相	反応後の相
共晶反応	液相（L）	固相（$\alpha + \beta$）
共析反応	固相（β）	固相（$\alpha + \gamma$）
包晶反応	固相（δ）＋液相（L）	固相（γ）
包析反応	固相（α）＋固相（β）	固相（δ）

〔**2**〕 **全率固溶型状態図**　2元合金系のなかで Ge と Si とは，すべての割合にわたって連続的な固溶体（全率固溶体）を形成する。この全率固溶型状態図を**図2.23**に示す。

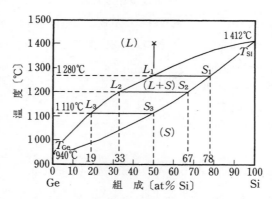

図2.23　Ge-Si 系合金全率固溶型状態図（長崎誠三：金属臨時増刊号　実用二元合金状態図集，アグネ（1992））

T_{Ge} は Ge の融点（940℃），また T_{Si} は Si の融点（1 412℃）である。T_{Ge} $L_1 L_2 L_3 T_{Si}$ 線は**液相線**と呼ばれ，これより上では均一な液相 L が安定である。$T_{Ge} S_1 S_2 S_3 T_{Si}$ 線は**固相線**といわれているが，これより下は均一な固溶体 S の範囲である。液相線と固相線によって囲まれた部分は（液相 L＋固溶体 S）の2相共存領域である。

例題2.3　組成 Ge-50 at% Si の合金を，1 400℃ の液体状態から 1 100℃ まで徐冷する場合の状態変化と組織変化について説明せよ。

【解答】　まず，1 280℃に達すると，L_1 で液相線に出合うが，ここで固相を晶出して凝固を開始する。この温度で液相は，S_1 の組成（Ge-78 at％ Si）の固溶体と平衡共存することになる。温度が低下すると凝固が進行するが，Si 成分の多い固相を晶出するので，液相の濃度は組成 Ge-50 at％ Si よりも Si 成分不足となり，液相の組成は $L_1 L_2$ 線に沿って変化し，またそれとともに固溶体の組成も $S_1 S_2$ 線に沿って変化する。1 200℃では，液相 L_2 と固溶体 S_2 とが平衡して共存し，その量比はてこの法則により

$$\frac{液相\ L_2\ の量}{固溶体\ S_2\ の量} = \frac{S_2\mathrm{M}}{\mathrm{M}L_2} = \frac{67-50}{50-33} = 1$$

となる。さらに温度が低くなると，液相の組成は $L_2 L_3$ に沿って，また固溶体の組成は $S_2 S_3$ に沿ってそれぞれ変化し，液相の量はしだいに減少する。

1 110℃では，液相は L_3 の組成（Ge-19 at％ Si）に達するが，液相の量は 0 となる。全体が一様な S_3 の組成（Ge-50 at％ Si）の固溶体として凝固を完了する。1 110℃以下では変化がない。

冷却過程において，純金属では一定温度（凝固点＝融点）で温度停滞が見られる。しかし，合金では液相線に達するまでは，純金属と同じように比較的早く温度が降下するが，液相線と固相線の間は 2 相共存領域であり，凝固開始点と凝固終了点とに差ができる。また，この領域では液相線温度で凝固が始まって潜熱が放出され，固相線温度に達して潜熱の放出がなくなるために，冷却速

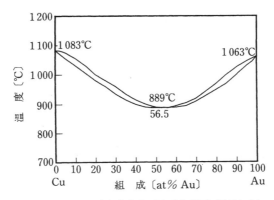

図 2.24　Au-Cu 系合金全率固溶型状態図（抜粋）（定融点合金を含む）（長崎誠三：金属臨時増刊号　実用二元合金状態図集，アグネ（1992））

度がゆるやかになる。固相線に達した後，再び元の冷却速度曲線の延長につながる。

全率固溶型の合金にはこの他に Cu-Ni，Au-Ag などがある。また主要な2成分系状態図は，この型と2相分離型の組み合わせであると考えられる。

全率固溶体の変わった型として，Au-Cu 系を**図 2.24** に示す。

液相線と固相線は，中間組成 Cu-56.5 at% Au で最小値を持ち，しかも一定温度889℃で組成を変えることなく凝固する。この組成の合金は**定融点合金**と呼ばれる。この他に Ni-Pd，K-Cs などの合金もこの型の状態図で表される。

〔**3**〕　**共晶型状態図**　　2元合金系のなかで Ag と Cu とは液体状態では完全に溶け合い，固体状態では一部溶け合い，共晶型合金となる。Ag-Cu 系の状態図を**図 2.25** に示す。

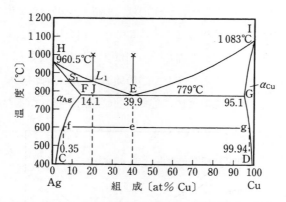

図 2.25　Ag-Cu 系合金共晶型状態図（長崎誠三：金属
臨時増刊号　実用二元合金状態図集, アグネ（1992））

Ag 金属側には，Cu 成分が溶け込んだ α_{Ag} 固溶体が形成される。Cu 金属側には，Ag 成分が溶け込んだ α_{Cu} 固溶体が形成される。曲線 HE と IE は液相線であり，曲線 HF と IG は固相線である。曲線 FC と GD は固溶限曲線である。また水平直線 FEG は**共晶反応線**と呼ばれ，点 E は**共晶点**と呼ばれる。

例題2.4　つぎの二つの組成の場合について，それぞれの凝固過程を説明せよ。

（1）　Ag-39.9 at% Cu 合金を液体状態の温度 1 000℃ から徐冷した場合。

（2）　組成 Ag-20 at% Cu の合金を徐冷した場合。

【解答】　（1）　共晶温度 779℃ に達すると凝固し始める。

このとき組成 Ag-39.9 at% Cu の液相がつぎの共晶反応を起こす。

　　　液相（E）→ α_{Ag} 固溶体（F）+ α_{Cu} 固溶体（G）

その結果，α_{Ag} 固溶体（Ag-14.1 at% Cu），および α_{Cu} 固溶体（Ag-95.1 at% Cu）が同時に晶出される。

凝固は共晶温度（799℃）で行われる。凝固完了後の共晶組織では

$$\frac{\alpha_{Ag} \text{ 相の量}}{\alpha_{Cu} \text{ 相の量}} = \frac{EG}{FE} = \frac{95.1 - 39.9}{39.9 - 14.1} \fallingdotseq 2.14$$

になる。

組成 Ag-39.9 at% Cu の合金を**共晶合金**（eutectic alloy）という。

温度が 779℃ より低下すると，共晶中の α_{Ag} 相の組成は FC 線に沿って変化する。また α_{Cu} 相の組成は GD 線に沿って変化し，600℃ では組成 Ag-5 at% Cu の α_{Ag} 相と組成 Ag-97 at% Cu の α_{Cu} 相が

$$\frac{eg}{fe} = \frac{97 - 39.9}{39.9 - 5} \fallingdotseq 1.64$$

の割合で存在する。室温における最終組織は

$$\frac{\text{組成 C の } \alpha_{Ag} \text{ 固溶体の量}}{\text{組成 D の } \alpha_{Cu} \text{ 固溶体の量}} = \frac{99.94 - 39.9}{39.9 - 0.35} \fallingdotseq 1.52$$

の共晶組織となる。

（2）　850℃ で S_l の固溶体 α_{Ag}（Ag-8 at% Cu）が初晶として晶出し始める。温度が下がると，液相の組成は L_lE 線に，また α_{Ag} 相の組成は S_lF 線にそれぞれ沿って変化し，共晶温度 779℃ に達したときは

$$\frac{\text{組成 F の } \alpha_{Ag} \text{ 固溶体の量}}{\text{組成 E の液相の量}} = \frac{39.9 - 20}{20 - 14.1} \fallingdotseq 3.37$$

で存在する。この温度で液相（E）は共晶反応により共晶として凝固するので，初晶のまわりを共晶が埋めた組織になる。

779℃ 以下の温度では相の組成と量とが変化する。共晶のなかでは共晶合金と同様の経過で変化するが，初晶の α_{Ag} 固溶体も温度 779℃ で α_{Cu} 固溶体（G）と平衡する

から，初晶のなかにも α_{Cu} 固溶体の粒子が析出する。このため，温度 500℃では初晶の α_{Ag} 相(f)のなかに α_{Cu} 相(g)の析出粒子が存在し，初晶のまわりを α_{Ag} 相(f)（その組成 Ag-3 at% Cu）＋ α_{Cu} 相(g)（その組成 Ag-98 at% Cu）の共晶が埋めた組織となる。

室温では，これらの α_{Ag} 相は組成 Ag-0.35 at% Cu に変わる。また α_{Cu} 相は組成 Ag-98 at% Cu に変わり，その量比も

$$\frac{\alpha_{Ag}\ 固溶体(C)の量}{\alpha_{Cu}\ 固溶体(D)の量} = \frac{99.94-20}{20-0.35} \fallingdotseq 4.07$$

に変化する。

共晶型状態図で，共晶合金よりも左側の合金を**亜共晶合金**，右側の合金を**過共晶合金**と呼んでいる。共晶組織の最も典型的な層状共晶では，層間隔が数 μm 程度である。層状共晶における層間隔は凝固条件によって制御できる。一方向凝固共晶合金の技術が複合材料の製造などの分野で用いられている。

共晶型の状態図を持つ合金はかなり多く，Ag-Cu の他に Al-Si，Pb-Sn 系などがこれに属する。なお，共晶型でも 1 次固溶体が形成されない系もあり，**図2.26** に示すような Bi-Cd や Ag-Si 系などは，成分金属どうしが固体ではまったく溶け合わない共晶状態図を作る。多くの成分金属は，微量ではあるが互いに固溶している。また，**図2.27** に示すような中間相（**金属間化合物**）をはさ

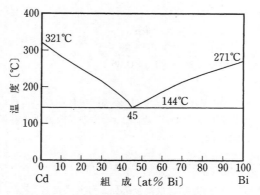

図2.26 Bi-Cd系合金共晶型状態図（長崎誠三：
金属臨時増刊号　実用二元合金状態図集，ア
グネ（1992））

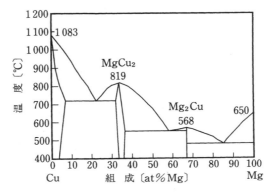

図 2.27 Cu-Mg 系合金共晶型状態図（金属間化合物を含む）（長崎誠三：金属臨時増刊号　実用二元合金状態図集，アグネ（1992））

んで，いくつかの共晶状態図が組み合わされる場合もある。

2.2.4　Fe-C 系状態図と組織

〔**1**〕　**炭素鋼の状態図**　　Fe-C 系状態図の実用に必要な部分を**図 2.28** に示す。Fe-6.67% C は **Fe₃C** という炭化物で，**セメンタイト**と呼ばれている。この図には，液相，δ 相，α 相，γ 相，Fe₃C といった混合相がある。

一部分を拡大した**図 2.29** は，鉄鋼の製銑工程で必要となる部分である。

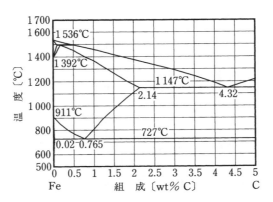

図 2.28　Fe-C 系合金状態図（長崎誠三：金属臨時増刊号　実用二元合金状態図集，アグネ（1992））

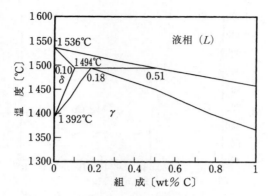

図 *2.29* Fe–C 系合金状態図（包晶反応部分の拡大）
　　　（長崎誠三：金属臨時増刊号　実用二元合金状態図
　　　集，アグネ（1992））

　ここでは，Fe 中に固溶された C％と融点または凝固点の関係が重要となる。

　図 *2.30* は，鉄鋼の熱間圧延工程および熱処理工程で必要とされる部分である。固相領域で共晶と同じように溶解度に制限がある場合で，全率固溶体 γ 相を冷却すると，固相 α，Fe_3C が同時に分離する。変態の過程は共晶と同様であるが，固相から固相への変態であるから**共析反応**（eutectoid reaction）という。ここでは共析点（727℃，0.765％ C）における共析反応が重要となる。

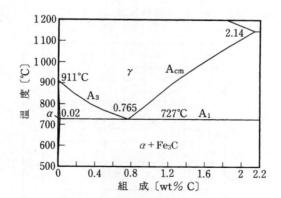

図 *2.30* Fe–C 系合金状態図（共析反応部分の拡大）
　　　（長崎誠三：金属臨時増刊号　実用二元合金状態図
　　　集，アグネ（1992））

また，この点につながる A_1 点，A_3 点，A_{cm} 点といった変態と，熱処理によって得られる組織とが密接に関係している。

　図2.31は，鋳鉄の製造工程で必要とされる状態図である。ここでは共晶点（1 147℃，4.32% C）における共晶反応が重要となる。この共晶反応による融点の低さが，鋳鋼よりも鋳鉄のほうがはるかに多く使用されている理由の一つである。

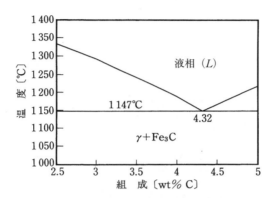

図2.31　Fe-C系合金状態図（共晶反応部分の拡大）
（長崎誠三：金属臨時増刊号　実用二元合金状態図
集，アグネ（1992））

　〔**2**〕　**炭素鋼の組織**　　Fe-C系において，安定平衡状態ではFeとC（黒鉛）に分解する。重要なのはFe側の部分である。Fe-C（黒鉛）安定系と呼ばれているものに対して，**図2.28**で示した状態図はFe-Fe$_3$C準安定系と呼ばれるものである。液体状態からふつうの冷却速度で冷却するときには準安定系に従う。このため，炭素鋼を取り扱う場合の基礎および実用の両面で，Fe-Fe$_3$C系状態図のほうがきわめて重要である。

　炭素鋼を入手したときは，熱間圧延加工されてから徐冷された状態，すなわち焼ならし状態のものである。このなかに含まれる相にはつぎの四つがある。

　1）　**フェライト**（α 固溶体）

　　　bcc-FeのなかにCが溶解した固溶体。727℃における最大固溶限
　　　0.02 wt% C。

2)　**オーステナイト**（γ固溶体）

　　fcc-Fe のなかに C が溶解した固溶体。1 147℃ における最大固溶限

　　2.14 wt% C。

3)　**融体**（液相）

　　Fe 中に最大 6.67% まで C を溶解。

4)　**セメンタイト**（炭化物）

　　C を 6.67% 含む Fe_3C で硬くてもろい化合物。

走査型電子顕微鏡によるフェライト組織の写真を**図 2.32** に示す。

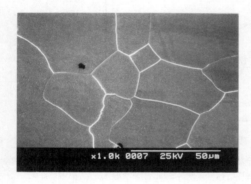

×1.0k 0007　25kV　50μm

図 2.32　フェライト組織（走査型電子顕微鏡による写真撮影）

徐冷によって平衡相反応がつぎのように行われ，混合組織が得られる。

1)　1 494℃ における包晶反応

　　δ固溶体(0.10% C) + 液相(0.51% C)→オーステナイト(0.18% C)

2)　1 147℃ における共晶反応

　　液相（4.32% C）→ オーステナイト（2.14% C) + セメンタイト

　　(6.67% C)

この共晶組織を**レデブライト**という。鋳鉄の凝固の際にのみ形成される。

走査型電子顕微鏡によるレデブライト組織の写真を**図 2.33** に示す。

3)　727℃ における共析反応

　　オーステナイト（0.765% C）→フェライト（0.02% C) + セメンタイ

　　(6.67% C)

この共析組織を**パーライト**という。

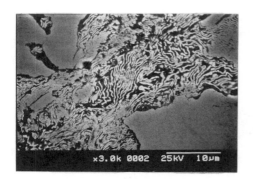

図 **2.33**　白鋳鉄の組織（走査型電子顕
微鏡による写真撮影）。セメンタイ
トとオーステナイトとの共晶（レデ
ブライト）

　走査型電子顕微鏡によるパーライト組織の写真を**図 2.34** に示す。写真で
示すように，薄板状のフェライトとセメンタイトとが層をなして交互に配列し
ている。0.765％ C の共析組成を持つ鋼を**共析鋼**，C％がそれ以下のものを
亜共析鋼，それ以上のものを**過共析鋼**と呼んでいる。

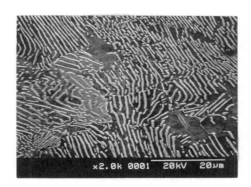

図 **2.34**　パーライト組織（走査型電
子顕微鏡による写真撮影）

　図 2.28 において，共析反応線は A_1 線，オーステナイト→フェライトの変
態開始曲線は A_3 線，オーステナイト→セメンタイトの変態開始曲線は A_{cm} 線
と呼ばれるので，共析反応を A_1 変態ともいう。

　共析反応と鋼の性質を理解するうえで，鋼を加熱して均一なオーステナイト
状態にした後，鋼を徐冷し，準安定系状態図に基づいて得られる組織（標準組
織）を分類してみると，**表2.4** のようになる。

　共析反応によって，C 濃度が均一なオーステナイト相から C 濃度に差があ
るフェライト相とセメンタイト相という固相に分解するためには，C 原子の拡

表2.4 共 析 変 態

	C％による鋼種		
	亜共析鋼	共析鋼	過共析鋼
一段階の変態点	A_3 線	A_1 線	A_{cm} 線
析出する組織	初析フェライト	層状パーライト	初析セメンタイトが網目状に析出
2段階の変態点	A_1 線		A_1 線
安定組織	初析フェライト＋パーライト	パーライト	網目状セメンタイトがパーライトを囲んだ組織

散を行わなければならず，それには時間を必要とする。したがって，冷却速度が大きくなると，過冷却によって組織が微細化したり，拡散を伴わずにまったく別の相に変態したりする。鋼に所要の性質を与える目的で，加熱と冷却を種々組み合わせて行う操作が熱処理というものである。

2.3 熱 処 理

　熱処理とは，金属材料をある一定の温度以上に加熱して，適当な方法で冷却することによってその材質を改善する手段である。熱間加工，鋳造，溶接などのように，鋼が高温の状態にさらされるときも熱処理を受けることと同じになる。そのときの温度，冷却速度などによって特性が変わることもあるので，注意が必要である。鋼の他に，鋳鉄や非鉄金属に対しても熱処理は行われる。

　熱処理には**焼ならし**（normalizing），**焼なまし**（annealing），**焼入れ**（quenching），**焼戻し**（tempering）の4種類がある。この他に**時効処理**（aging）も重要である。

　この節では，熱処理の方法およびそれによって得られる材料の組織や性質の変化について理解を深めていくことを目標とする。

2.3.1 鋼 の 変 態
　同じ組成の鋼でも，熱処理によって鋼のその組織が異なると機械的性質が

違ってくる。冷却速度を変えると加熱前の組織とは異なった組織に変化させることができる。熱処理による鋼の変態と組織の変化を**表2.5**に示す。

表2.5　熱処理による鋼の変態と組織の変化

熱処理	処理前の組織	処理後の組織	変態の種類
焼なまし	オーステナイト	フェライト＋セメンタイト	パーライト変態
焼入れ	オーステナイト	マルテンサイト	マルテンサイト変態
オーステンパー	オーステナイト	ベイナイト	ベイナイト変態

〔**1**〕　**鋼の共析変態（パーライト変態）**　　共析鋼（0.8% C）を一様なオーステナイト状態（A_1変態点以上）に加熱してから，炉中冷却によってゆっくりと冷却するとパーライト（フェライト＋セメンタイト）組織ができる。この組織変化を鋼の**共析変態**という。硝酸の希薄アルコール溶液（naital 腐食液）によって組織を現出すると，フェライト地のなかに白いセメンタイトが層状に存在している。冷却速度が遅いほど層の間隔が広くなる。パーライト組織を**図2.35**に示す。

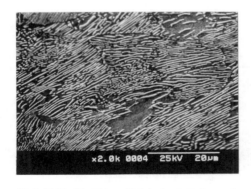

図2.35　層状パーライト組織（走査型電子顕微鏡による写真撮影）

　過共析鋼（0.8% C以上）になると，パーライト組織の結晶粒界に**初析セメンタイト**が析出して，**図2.36**に示すような**網目状セメンタイト**と呼ばれる組織になる。逆に0.8% Cより減って亜共析鋼になると**初析フェライト**が多く混ざってくる。

〔**2**〕　**等 温 変 態**　　変態の始まる時間と終る時間とを計って，縦軸に変態温度，横軸は保持時間（対数目盛）をとって描いた**TTT曲線**（time-tem-

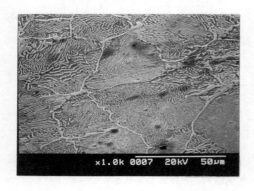

図 2.36　網目状セメンタイト組織
（走査型電子顕微鏡による写真撮
影）

perature-transformation curve）を**図 2.37** に示す。曲線の左側に突き出た部分
を **TTT 曲線のノーズ**と呼び，多くの鋼では 540 ～ 670℃ に分布している。鋼
をオーステナイトの状態である TTT 曲線のノーズから，M_s 点（martensite-
start）間の一定温度（低温 200 ～ 350℃，高温 400 ～ 500℃）の熱浴に急冷す
る。その温度での保持時間を，低温の場合で 30 分以上，高温の場合で 30 ～ 60
分とする。この操作によって変態を完了させた後，熱浴から引き上げて空冷す
る。この恒温変態処理を，オーステナイトにテンパーするという言葉を短縮し
て**オーステンパー処理**という。

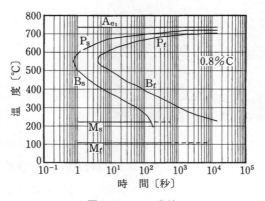

図 2.37　TTT 曲線

　この恒温変態で得られるベイナイト組織は，普通の焼入れ・焼戻しをした同
一硬さの組織より粘り強いという特長がある。高温（400 ～ 500℃）でできた

羽毛状の組織を**上部ベイナイト**といい，低温（200 〜 350℃）でできた針状の組織を**下部ベイナイト**という。

〔**3**〕　**マルテンサイト変態**　A₁ 変態は，拡散による炭素原子の析出によってセメンタイトができる変態である。冷却速度を大きくすると A₁ 変態を起こす時間がなく，低い温度までオーステナイト組織が冷却されてくる。しかし，約 200℃ 付近から急な膨張（約 4％）を起こして，**マルテンサイト変態**と呼ばれる別の変態を起こし始める。温度が下がるにつれてしだいに変態量を増す。この変態は炭素量の多い鋼ほど低い温度で起こる。この状態のものは，**図2.38** で示すように特有の針状組織を持ち，これを**マルテンサイト組織**と呼ぶ。結晶格子だけが，オーステナイトの面心立方格子から，**図2.39** で示すような体心正方格子に変わり，無理に炭素を固溶したため格子に著しいひずみを起こさせているので，準安定な状態となる。

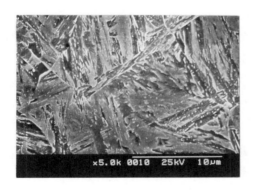

x5.0k 0010　25kV　10μm

図2.38　マルテンサイト組織（走査型電子顕微鏡による写真撮影）

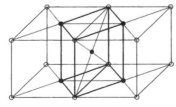

図2.39　面心立方格子と体心正方格子の関係

2.3.2　鋼の熱処理方法

鋼の熱処理において加熱温度，加熱速度，その温度での保持時間，その後の

冷却速度の制御によってその鋼の機械的性質が左右される。

〔**1**〕 **加熱の方法**   加熱温度は焼ならし，焼なまし，焼入れの場合には A_3 点または A_1 変態点以上，焼戻しの場合には A_1 変態点以下と分けられている。

加熱の速度は通常の焼ならし，焼なまし，焼入れ，焼戻しの場合にゆっくりと加熱し，高周波焼入れ，炎焼入れの場合には急速に加熱する。

〔**2**〕 **冷却の方法**   冷却方法は，一般には炉中冷却（ゆっくり），空中放冷（やや速く），水中または油中冷却（速く）とに分けられる。

特に鋼の焼入れに際しては，臨界区域（約 550℃）までの範囲を急冷しなければ焼きが入らない。また，危険区域（約 250℃）以下の範囲は徐冷しなければ焼入れのときに焼割れが生じる。この冷却速度の管理が最も重要である。

〔**3**〕 **焼 な ら し**   亜共析鋼の場合は，A_3 変態点以上 40 〜 60℃ の温度範囲に加熱する。過共析鋼の場合は A_{cm} 変態点以上の温度範囲に加熱する。この温度にしばらく保持すると一様なオーステナイト組織になる。その後，無風状態の大気中で放冷する。この操作を**焼ならし**という。

高温から徐冷された鋳物や熱間圧延鋼材など，非常に大きな鋳造組織や加熱組織に変態したものの場合，焼きならしの目的は，つぎのようなことがあげられる。

1） 再加熱することによって，鋳造組織を改善したり，繊維状組織を消す。

2） 鋼材を放冷している間に，組織が微細化して，機械的性質を改善する。

〔**4**〕 **焼 な ま し**   鋼材を一定温度に加熱した後，これを炉内でゆっくりと冷却して，目的に合うような性質を得る熱処理方法を**焼なまし**という。内部応力の除去，軟化，結晶粒の微細化，組織の改善などを目的にした完全焼なまし，拡散焼なまし，ひずみ取り焼なまし，中間焼なましなどに分けることができる。

1） **完全焼なまし**   冷間加工，または焼入れなどの影響を完全になくすための熱処理として，鋼材を A_3 変態点または A_1 変態点以上 40 〜 60℃ の温度に加熱し，約 550℃ までは焼きが入らないようにゆっくり，その後は時間短縮

のために速く冷却する方法を**完全焼なまし**という。

2）　拡散焼なまし　　鋳造組織は，成分元素の密度の違いなどにより偏析が現れ，不均一な組織になっている。金属元素の拡散を行うためには高温と十分な時間とが必要である。拡散焼なましとは，A_3 変態点よりずっと高い加熱温度に長時間加熱することで完全なオーステナイト状態から均一な組織にする熱処理をいう。

3）　ひずみ取り焼なまし　　鋳物の肉厚が異なる部分では冷却速度が異なり内部応力が発生する。溶接した場合にも，熱影響部では大きな内部応力が作用している。500 〜 650℃程度の加熱で内部応力は取り除かれる。この熱処理を**ひずみ取り焼なまし**という。

4）　中間焼なまし　　金属材料を冷間加工すると多くの転位が導入され金属は硬化する。この加工硬化したものを A_1 変態点直下の温度で十分加熱し，焼なましをする操作を**中間焼なまし**という。軟化させて容易に切削加工や塑性加工することができる。

5）　球状化焼なまし　　過共析鋼の組織は，層状のパーライトの周辺に網目状セメンタイトが析出した組織になっている。高温度に加熱することによってこの初析セメンタイト（カーバイドともいう）をオーステナイト中に溶け込ますことができる。しかし，高温に加熱するとオーステナイト組織は粗くなり，それを焼入れすれば焼割れが生じやすい。硬いマルテンサイト組織のなかに一様の大きさの粒状カーバイドが分布していると耐摩耗性が向上する。工具

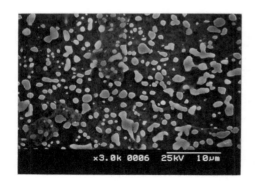

図 *2.40* 球状セメンタイト組織
（走査型電子顕微鏡による写真撮影）

鋼などに行われるこの熱処理を**球状化焼なまし**という。**図 2.40** に示すような得られた組織を**球状セメンタイト**または**球状パーライト**という。つぎのような方法が用いられる。

1）　A₁ 変態点直上の温度に一定時間加熱保持した後に徐冷する。

2）　A₁ 直下の温度で，長時間焼なましをする。

3）　A₁ 変態点の上下の温度幅（20 〜 30℃）で加熱・冷却を数回繰り返す。

〔*5*〕　**焼　入　れ**　　金属材料を高温から急冷することによってマルテンサイト組織にする操作を**焼入れ**という。金属結晶中に溶け込んだ原子の量が常温では少なくても，高温では多くなる場合に焼入れをすると，過剰に原子を含んだ固溶体（過飽和固溶体）が得られる。結晶中に溶け込んだ多くの原子は，転位の移動を妨げる作用をして変形抵抗を大きくし強化することとなる。

　鋼を焼入れするとどれだけ深く焼きが入るかは，鋼材の大きさ（質量の大小）によって影響を受けるため，これを**質量効果**と呼ぶ。合金鋼は質量効果が小さいため焼入れによって均一な硬さが得られやすく，焼戻し後の機械的性質も均一で JIS に示す値に近くなる。

　冷却液に接している表面は冷却速度が最大であるのでマルテンサイト組織になる。内部では中心に近づくほど冷却速度が小さくなるので微細パーライトが混じってくる。マルテンサイト，微細パーライトが 50％ずつの組織のところ

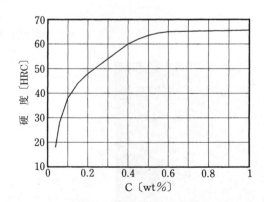

図 2.41　焼入れ硬さに及ぼす炭素量の影響

までを焼きが入ったと定義する。このときの組織の硬さは HRC 50（HV 513）程度で，**臨界硬さ**と呼ぶ。鋼材の丸棒を焼入れして，その中心部の硬さが臨界硬さに一致したとき，そのときの丸棒の直径を**臨界直径**と呼ぶ。焼入れ硬さとC%との関係を**図2.41**に示す。しかし，焼入れ深さは C%や合金元素が多いほど，また結晶粒度が大きいほど深くなる。

　焼戻し後の硬さが同じでも降伏点，伸び，絞り，衝撃値といった機械的性質が異なることに注意しなければならない。焼入れ性を保証した H 鋼を選定することで，製品の均一と量産管理を容易にすることができる。

　1）　**普通焼入れ**　　A_3 変態点または A_1 変態点以上 50℃ の加熱温度から，水または油中に焼入れる。臨界区域を速く冷却し，危険区域をゆっくり冷却することによって，マルテンサイト組織を得る方法を**普通焼入れ**という。

　臨界区域を速く冷やさないとパーライト組織となり硬くはならない。マルテンサイトの変態が開始される温度を **M_s 点**という。M_s 点以下で組織は急激に膨張をする。表層部が完全に冷えてマルテンサイト組織になり硬化した後に，内部が M_s 点以下になりマルテンサイト化を始める。これによって急激な膨張を生じれば焼割れの危険を生じる。この変態が完了する温度を **M_f 点**という。M_s から M_f に至る間には $200 \sim 300$℃ の温度幅がある。

　炭素工具鋼では，臨界区域を速く冷やすことのできる「水焼入れ」でなければ焼きが入らない。焼割れを起こす可能性がある。合金工具鋼の利点の一つとして，油焼入れでも臨界区域を速く冷やすことができる。しかも危険区域をゆっくり冷やすことができるので，焼割れが少ないこともある。

　2）　**時間焼入れ**（引上げ焼入れ）　　焼入れ液（水または油）に入れてから一定時間経ったところで，液から引き上げてから空冷する。

　3）　**マルクエンチ**（マルテンパーともいう）　　鋼を M_s 点直上の熱浴（油または $1 \sim 2$%水添加したソルト）に焼入れして，臨界区域を急冷し，鋼の内外が熱浴温度に等しくなった後，熱浴から出して空冷してマルテンサイト変態をゆっくり進行させる操作をいう。その後必ず焼戻しを行う。焼割れ，焼曲がりがなく，硬く焼きが入る。

4）残留オーステナイトとサブゼロ処理　　工具鋼などの高炭素鋼，高合金鋼，または浸炭した鋼には，**残留オーステナイト組織**が出やすい。焼入れ温度が高すぎた場合にもこの組織が生じて硬さが低下する。また，時間の経過とともにマルテンサイト組織に変化し，膨張することによって寸法の狂いを生じる。焼入れ直後のオーステナイトが安定しないうちにサブゼロ処理を行うことが必要である。サブゼロ処理とは，液体窒素（−196℃），またはドライアイス（−78℃）とアルコールを混合した冷浴中に，ϕ25 mm につき 30 分間程度浸す処理をいう。サブゼロ後は，直ちに焼戻しを行うことが必要である。

〔**6**〕**焼 戻 し**　　マルテンサイト組織に焼入れたままの鋼は硬くてもろいので割れやすい。また，組織の変態による膨張などのために大きな内部応力が蓄えられている。

焼入れ直後，これを A_1 点以下の適当な温度に再び加熱することによって内部応力が除去される。硬さを少し下げて靭性の回復も図られる。このように使用に適した状態にする熱処理を**焼戻し**という。

硬さを必要とする鋼材の焼戻しは**低温焼戻し**（100 〜 200℃程度）とし，靭性を要求する鋼材の焼戻しは 500 〜 600℃近くでの**高温焼戻し**とする。

また，低温焼戻し脆性（250 〜 350℃）の生じやすい温度域での焼戻しは避けなければいけない。

2.3.3　その他の表面硬化処理

歯車の場合，歯元部分での強靭性と，ピッチラインから歯先にかけての表面の耐摩耗性が求められる。表面の硬さを HRC 45 程度に高くすると，耐摩耗性が向上するとともに表面傷がつきにくいため，疲労破壊が生じるのを遅らせることができる。そのために表面硬化処理を施す必要が生じた。

〔**1**〕**浸 炭 処 理**　　鋼材の表面硬化処理の一つで，低炭素鋼材（0.1 〜 0.2% C）の表層部に炭素を拡散浸透させた後，焼入れおよび低温焼戻しを行う。表層部は硬化するが，中心部は元の低炭素のままで靭性を残した処理である。浸炭層の深さは，温度と時間とがかかわる拡散の式で求められる。固体浸

炭，液体浸炭，ガス浸炭などの方法がある。

〔**2**〕　**窒化処理**　鋼材の表面硬化処理の一つで，表層部に窒素を拡散浸透させて硬化させることをいう。浸炭処理に比べて体積膨張が少ない点が利点となる。焼入れ・焼戻しをした鋼製の部品に機械加工を施した後，焼戻し温度以下（500 ～ 560℃）に加熱された容器のなかに入れ，アンモニアガスを送り込むことでガス窒化処理ができる。この他に浸炭窒化，液体窒化（タフトライド処理），イオン窒化などの方法がある。N との親和力が強い合金元素 Al，Cr，V，Ti，Mn，Mo などを含む合金鋼（SACM）では著しく硬化する。

2.3.4　非鉄金属材料の熱処理

〔**1**〕　**時効硬化**（析出硬化：precipitation hardening）　ジュラルミンとして有名な Al-Cu 系合金は，**時効硬化**，または**析出硬化**と呼ばれる熱処理によって強化されている。

図2.42 に示す Al-Cu 系の状態図において，4 % Cu 合金は 500℃ から 580℃ の間では単一の α 相である。500℃ 以下では，この合金は α + CuAl$_2$ の二相になる。温度の低下とともに CuAl$_2$ の量が増し，室温では 93 wt% α +

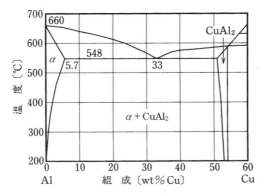

図2.42　Al-Cu 系合金平衡状態図（長崎誠三：金属臨時増刊号　実用二元合金状態図集，アグネ（1992））

7 wt% $CuAl_2$ にもなる。

Al-4 wt% Cu を 550℃ からゆっくりと室温まで冷却したとき，少数の $CuAl_2$ が粗大な析出物に成長する。このとき，析出物の間隔が大きいため，転位は移動しやすく，この合金は軟らかくなっている。この合金を速く冷却すると，析出物は微細に分布して，転位の運動を妨げることにより合金を硬化させる。

冷却速度が速すぎると TTT 曲線における C 曲線のノーズに交わらないため，析出硬化を得る冷却速度には限界がある。これを時効硬化処理することにより降伏強さを大きく増加させることができる。

Al-4 wt% Cu 合金を時効硬化させるための熱処理は，つぎに示す方法で行う。

1) すべての Cu 原子を固溶させるために，550℃で溶体化熱処理をする。

2) 室温で過飽和固溶体を得るために，水または油のなかに急冷する。

3) 過飽和固溶体 α を飽和固溶体 $\alpha + CuAl_2$ に変えるために，150℃ で 100 時間保って「時効」させる。この処理により微細な組織となり，強度は高くなる。

〔**2**〕 **GP ゾーン** 過飽和固溶体 α からの $CuAl_2$ の析出過程において，安定相が直ちに析出せず，より形成しやすい準安定相が形成される。つぎの過程で平衡に達する。

$$\boxed{\text{過飽和固溶体 } \alpha} \rightarrow \boxed{\text{GP ゾーン I}} \rightarrow \boxed{\text{GP ゾーン II（析出相 } \theta''\text{）}}$$
$$\rightarrow \boxed{\text{析出相 （} \theta' \text{）}} \rightarrow \boxed{\text{平衡相 } CuAl_2 \text{ （} \theta \text{）}}$$

まず Cu 原子が集合体を形成する。これを **GP ゾーン I**（guinier-preston ゾーン I）と呼ぶ。Al 立方晶の面 (001) に沿って，Cu 1 〜 2 原子の厚さの層をした円盤状の GP ゾーンが均一に析出する。円盤面は母格子と完全に整合である。円盤の端面も整合であるが，Cu 原子の直径は Al 原子に比べて小さいため大きな整合ひずみを生じる。

つぎに，GP ゾーンのあるものは成長して析出相 θ'' を形成する。析出相 θ''

を **GP ゾーン II** と呼ぶことがある。GP ゾーン I の厚さを増したもので，$CuAl_2$（θ）に近い組成を持っている。その際残った GP ゾーンは溶解し，Cu 原子は析出相 θ'' の成長に使われる。析出相 θ'' の円盤面も母格子と完全に整合である。その円盤端面も整合であるが，析出相 θ'' と Al 母格子の格子定数が一致しないために整合ひずみを生じる。

続いて，析出相 θ' が母相の転位線上に核生成する。析出相 θ'' はすべて溶解し，Cu 原子は析出相 θ' の成長に消費される。円盤面は依然として母格子と完全に整合であるが，端面は非整合となる。

最後に，粒界や析出相 θ' と母相との界面に平衡相 $CuAl_2$（θ）が不均一な核生成をする。析出相 θ' はすべて溶解し，Cu 原子は θ の成長に使われる。$CuAl_2$ 相は母格子と完全に非整合で，そのため円盤状ではなく球状に成長する。

〔3〕　**時効過程での強化機構**

1 ）　固溶硬化による強化　　時効の開始時には，過飽和固溶体中に含まれる 4 wt％の Cu によって合金は強化されている。GP ゾーンが形成されると，固溶硬化による強化の効果はなくなる。

2 ）　整合応力硬化による強化　　GP ゾーンおよび θ'' 析出相のまわりに生じた整合ひずみによって，転位が動きにくくなり強化される。GP ゾーンによる合金の強化作用は大きい。

3 ）　析出硬化による強化　　析出粒子は転位を移動させるときの障害となる。析出粒子が軟らかいと，転位が析出粒子を切って進んだり，また析出粒子が互いに離れるほどその間を転位が通り抜けて強化の有効性は低下する。

以上の四つの強化機構が総合的に加算されて，降伏応力の変化が得られる。

時効温度が低いと，最高硬度を得るためにはより長い時効時間を必要とする。Al を時効硬化させる合金元素は，Cu だけではない。また，Mg や Ti 合金も時効硬化するが，Al 合金ほどの効果は期待できない。

コーヒーブレイク

金属の名前をあまりにも簡略した記号で表すのもどうかな？
つぎのような名前のものがあるが，名前から内容を知ることは不可能!!

名　前	内　　　容
A メタル	Fe 基耐熱合金（Fe, 19 Cr, 35 Ni, 0.35 C, 1.0 Si, 0.5 Mn）
C 合金	コルソン合金（Cu, 3～4 Ni, 0.8～1 Si）送電線用
E 合金	ジュラルミンの一種（Al, 2～3 Cu, 0.25～0.5 Mg, 0.25～0.5 Mn, 15～20 Zn, 0.2 Si）
G 合金	構造用 Al 合金（Al, 18 Zn, 2.5 Cu, 0.35 Mg, 0.35 Mn, 0.2 Fe, 0.75 Si）航空機，ボート材用
J 合金	超耐熱合金，（Co, 0.76 C, 23 Cr, 6 Ni, 6 Mo, 2 Ta）ジェットエンジン，ガスタービン部器材
U アロイ	低融点金属，融点 46.7～183℃，安全ヒューズ，薄肉パイプの彎曲充てん用
X 合金	ピストン用鋳造合金（Al, 3.5 Cu, 1.25 Fe, 0.6 Mg, 0.6 Ni, 0.6 Si）
Y 合金	耐熱鋳鍛造合金（Al, 3.5～4.5 Cu, 1.2～1.7 Mg, 1.8～2.3 Ni）自動車のピストン，シリンダヘッド用
Z 合金	重荷重，硬質シャフト用軸受合金（Al, 6.5 Ni, 0.5 Ti）
Z メタル	可鍛鋳鉄の一種（Fe, 2.0～2.6 C, 0.9～1.1 Si, 0.75～1.25 Mn）ギア，スプロケット，ブレーキドラム用

表現の自由は尊重されても，これでいいのだろうか？

2.4 構造用金属材料

　材料を用途のうえから分類すると，構造用材料と機能用材料とに分けられる。構造用材料の特性においては，機械的強度が最も重視される。

　構造用部材として多くの金属材料が機械，建築構造物，車両，船舶，航空機などに用いられている。鉄鋼材料だけではなく銅合金，アルミニウム合金，チタン合金などの非鉄金属材料もそのなかに含まれる。**表2.6**に比較を示す。

　この節では，構造部材および部品に用いられる鉄鋼および非鉄金属について理解を深めることを目標とする。

表2.6　構造用材料の比較

合金の種類	強度〔MPa〕	比重	使用限界温度〔℃〕	参考価格〔円/kg〕
合金鋼	300 ～ 2 700	8.0	850	80 ～ 300
Al 合金	70 ～ 600	2.8	250	800 ～ 900
Cu 合金	200 ～ 1 500	8.5	400	400 ～ 800
Ti 合金	300 ～ 1 500	4.6	500	4 000 ～ 8 000

2.4.1 分　　　類

〔1〕 鉄 鋼 材 料　　構造物や機械類の構造部材に用いられる鋼を総称して構造用鋼という。表2.7にJISによる種類と記号を示す。

表2.7　構造用鉄鋼材料の JIS 規格名称と記号

規格名称	記号	規格名称	記号
一般構造用圧延鋼材	SS	クロム鋼鋼材	SCr
一般構造用軽量形鋼	SSC	ニッケルクロム鋼鋼材	SNC
機械構造用炭素鋼鋼材	S×× C		
溶接構造用圧延鋼材	SM	クロムモリブデン鋼鋼材	SCM
高耐候圧延鋼材	SPA		
ボイラおよび圧力容器用炭素鋼	SB	ニッケルクロムモリブデン鋼鋼材	SNCM
高圧ガス容器用鋼板および鋼帯	SG		
中・常温圧力容器用炭素鋼鋼板	SGV	機械構造用マンガン鋼	SMn
圧力容器用鋼板	SPV		
チェン用丸鋼	SBC	マンガンクロム鋼鋼材	SMnC
鉄筋コンクリート用棒鋼	SD，SR		
みがき棒鋼用一般鋼材	SGD	アルミニウムクロムモリブデン鋼鋼材	SACM

　構造物用鋼材はおもに熱間圧延で造った鋼板，鋼帯（平らに圧延されコイル状に巻かれた鋼材），平鋼（長方形の横断面を持つ平らな鋼材），形鋼（山形，溝形，I形，H形，T形）などに分類される。棒鋼などで，熱間圧延のまま，または必要に応じて熱処理を施して使用する。

　機械部品用の鋼材は熱間圧延，熱間鍛造などの熱間加工によって丸鋼，角鋼などの棒鋼，線材（棒状に熱間圧延されコイル状に巻かれた鋼材），平鋼，鋼

板などに分類される。これらを素材としてさらに鍛造，切削，引抜きなどの加工と熱処理（表面硬化を含む）を施して使用する。

〔**2**〕 **非鉄金属材料** 　構造用非鉄金属材料は，展伸材がおもなものである。展伸用銅合金は，伸銅品という表現も使われる。Cu-Zn 系，Cu-Sn 系，Cu-Ni 系，展伸用アルミニウム合金としては，Al-Cu，Al-Mn，Al-Mg，Al-Mg-Si，Al-Zn-Mg，Al-Li 系，チタン合金としては，Ti-Al-V などが構造用の材料である。

2.4.2　一般構造用圧延鋼材

普通鋼は，還元製鉄法によってコークスから持ち込まれた炭素が合金された**炭素鋼**と呼ばれる。含有される炭素量は 0.02% C から 1.5% C までの範囲である。炭素量によって，鋼の組織や性質が大きく左右される。

一般構造用圧延鋼材（SS 材）は，最も広範囲に使われる普通鋼の代表的鋼材である。供給される形態は鋼板（厚板），形鋼，棒鋼などの熱間圧延鋼材である。

JIS G 3101 には強さによる区分があって，330 MPa，400 MPa，490 MPa，540 MPa 以上の引張強度を持つようにしたものが SS 330，400，490，540 と規定されている。これらは軟鋼程度の炭素鋼のもので，その炭素量については規定していない。ただし，P，S が多いと材質に影響を及ぼすので，いずれも 0.050% 以下と規定している。SS 400 は強度と延性のバランスがよく，一般構造物や強靱性をあまり重視しない機械の補助部材にも広く使われている。しかし SS 材は溶接性や低温靱性について保証されていない。

炭素鋼鋼板は，その用途によっていろいろな形状，大きさのものがある。板厚 6 mm 以上を厚板，3 mm 以下（幅 700 mm 以上）のものを薄板と呼んでいる。

JIS G 3131 には，熱延鋼板としては SPHC，SPHD，SPHE，SPHF が規定されている。それらは価格が安く，板厚 3 mm 以上の用途に用いられる。また，プレス成形性と表面品質がそれほど厳しくない用途にも用いられる。冷間圧延鋼板では製造できない部品，例えば自動車部品（フレーム，ディスクホイー

ル，ブレーキ関係，トラックのバンパなど）や，電機部品（モータケース，スイッチボックスなど）などにも用いられる。

板厚が 2 mm 以下の薄板は，冷間圧延によって造られる冷延鋼板である。プレス加工して使用されていることが多いので，強度よりも表面が美しく滑らかで，寸法精度が良好であるといった成形加工性が重視される。JIS G 3141 では SPCC，SPCD，SPCE，SPCF，SPCG が規定されている。最後尾に付けられている C，D，E，F，G はそれぞれ一般用，絞り用，深絞り用，非時効性深絞り用，非時効性超深絞り用を示している。

表面仕上げの違いにより，塗料の密着性のよい梨地肌（ダル仕上げ）の鋼板とみがき（ブライト仕上げ）の鋼板とがある。

また，耐食性を持たすために，亜鉛鉄板やブリキ板といっためっき処理をした鋼板が製造されている。

2.4.3 溶接構造用圧延鋼材

鋼構造物には，溶接による接合は欠くことのできない作業である。一般構造用圧延鋼材に比べて，溶接性をよくしたものが**溶接構造用圧延鋼材**（SM 材）である。JIS G 3106 では SS 材と同様に，SM 材にも引張強さによる区別があって，SM 400 〜 570 の範囲で規定されている。その引張強度は 400 MPa，490 MPa，520 MPa，570 MPa 以上と規定されている。溶接構造用鋼材に必要な性質は，高い強度や溶接性，低温靭性，加工性，耐候性などに優れていることである。そのために，炭素量を約 0.25 % 以下と低く抑え，低下する強度を補うために Mn と Si を増量して固溶強化を図っている。

SM 材の用途は，溶接性と低温靭性を重視する大形の溶接構造物（建築，橋梁，船舶，石油タンク，高圧ガスタンクなど）である。

橋梁，鉄塔，建築物その他の構造物などにおいて，塗装が困難な場合には，大気中でさびに強い鋼材として JIS G 3114 に規定されている**溶接構造用耐候性熱間圧延鋼材**（SMA 材）を用いると便利である。SMA 材は，SM 材中に Cu 0.20 〜 0.50 %，Cr 0.30 〜 0.75 %，Ni<0.30 % を添加した鋼材である。

COR-TEN® 鋼という商品名で普及されている。なかでも SMA 490 の使用量が最も多い。

　溶接による接合のため溶接部の近くが急熱・急冷される。そのため焼入れ硬化してもろくなることがある。焼入れ硬化しないためには炭素量を低くしなければならない。しかし，炭素量を低くすると，鋼の強度が不足する。この強度の不足を炭素以外の合金元素によって補っているのが構造用合金鋼である。

　溶接熱のために，母材の性質が変化した部分を**熱影響部**（HAZ：heat affected zone）と呼んでいる。溶接金属と母材との境界部を**ボンド部**と呼び，その数 mm 外側に HAZ ができる。C%のほかに，その鋼の含んでいる合金元素成分すべてが HAZ の硬化に大きな影響を与える。硬化しないためには，その鋼の C%または炭素当量（C_{eq}：carbon equivalent）が低いことが必要である。C_{eq} はその鋼の化学成分からつぎの式によって計算した値である。

$$C_{eq} = C\% + \left(\frac{1}{6}\right)Mn\% + \left(\frac{1}{24}\right)Si\% + \left(\frac{1}{5}\right)Cr\% + \left(\frac{1}{40}\right)Ni\%$$
$$+ \left(\frac{1}{4}\right)Mo\% + \left(\frac{1}{14}\right)V\%$$

　C%≦0.2%，C_{eq}≦0.35%ならば溶接は比較的容易であり，この値を越すと溶接は困難になる。橋，船舶，車両，建造物などのような大きい構造物では熱処理はできないので，鋼材を圧延のままで使わねばならない場合も多い。

2.4.4 高 張 力 鋼

　ハイテン鋼（high tensile strength steel）と呼ばれている高張力鋼は，一般構造用圧延鋼材よりも引張強度が高い。例えば自動車用加工性冷間圧延高張力鋼板（JIS G 3135）では，引張強度が 340 〜 980 MPa 級ものが製造され，SPFC 340 〜 980 Y と分類されている。溶接性の点から C%を少なくし，強度の点から Mn，Si，Cu，Ni，Cr，Mo，Nb，Ti などを 1%以下添加し，焼入れ，焼戻しをして使用する合金鋼である。高張力鋼板を使用すると強度の面から板厚を薄くできるので，軽量化のメリットがある。

高張力鋼板を使用する際の問題点としては，つぎの点に注意すべきである。

1）　プレス成形性，プレス型の寿命，形状凍結性，溶接性などは低下する。

2）　薄鋼板で板厚方向の力にも耐えるためにリブ構造にすると，その分だけ重量の増加となり，軽量化のメリットが消えてしまう。

3）　高張力鋼の弾性係数は，軟鋼などの低強度材と同程度であるので，強度が高くても（塑性変形しにくい）弾性変形が大きい。

2.4.5　**機械構造用炭素鋼**

機械類の構造用としては，一般に**機械構造用炭素鋼**（S-C材）を使用する。JIS G 4051では圧延鋼材と違って，C％によって細分されている。S 10 CからS 58 Cの範囲の一般用20鋼種と，S 09 CK，S 15 CK，S 20 CKの浸炭（はだ焼き）用3種が規定されている。数字はC％の中央値（S 45 Cは0.45％）を示す。機械的性質はおもにC％と熱処理に依存するので，規定はないがその解説に参考として示されている。熱処理をするとC％にほぼ比例して硬さ，強さ，耐摩耗性，焼入れ性は向上する。逆に延性，靭性，加工性などは低下する。

製造工程で，酸素を過剰に含有した溶鋼中にSi，MnまたはAlなどを添加するとSiO_2，MnO_2，Al_2O_3といった酸化物ができて，鋼中から酸素が抜き取られる。これらの鋼材は，このような鋼塊（**キルド鋼塊**という）から圧延されて造られたものである。機械構造用合金鋼に比べると安価で加工が容易である。

S 10 CからS 25 Cまでの炭素量の低いものは，焼きならしたままで使用する。これらの鋼はあまり強さを必要としない一般鍛造品に用いられる。

S 28 CからS 58 Cまでの炭素量の比較的高いものは，より優れた機械的性質を得るために水焼入れ・焼戻し（**調質処理**という）して使用される。

S 50 C以上の炭素量の高いものは焼割れが生じやすく，太いものでは内部まで焼きが入らず機械的性質が劣る。焼入れ性が悪いのが欠点である。

炭素鋼の欠点は，鋼の太さや厚さが大きくなると焼入れができないこと（**質**

量効果が大きいという）や，焼割れを生じやすい（焼入れ感受性が大きいという）材料である。その機械的性質や熱処理性を改善するために Mn，Cr，Mo，Ni などを合金させたのが構造用合金鋼である。

2.4.6 機械構造用合金鋼

Mn，Cr，Mo，Ni などの合金元素を添加して，調質，表面焼入れ，浸炭，窒化などといった熱処理を施し，強靱鋼とも呼ばれるのが**機械構造用合金鋼**である。強力ボルト，ナット，キー類やピン類，各種軸類，コンロッド，歯車類などの大形・重要機械部品に多用される鋼材である。

JIS G 4053 にははだ焼き用，表面窒化用を含めて 40 種類が規定されている。Mn 鋼（SMn 420 ～ 443），Mn-Cr 鋼（SMnC 420，443），Cr 鋼（SCr 415 ～ 445），Cr-Mo 鋼（SCM 415 ～ 822），Ni-Cr 鋼（SNC 236 ～ 836），Ni-Cr-Mo 鋼（SNCM 220 ～ 815），Al-Cr-Mo 鋼（SACM 645）がある。JIS G 4052 で規定されている焼入れ性を保証した構造用鋼材（H 鋼）の 24 種類と合わせると 64 鋼種にもなる。S は鋼（steel）の頭文字，C は Cr，M は Mo，N は Ni，A は Al を表している。3 桁の数字の下 2 桁は C％の中央値を示す。1 桁目の数字は主要合金元素量の多少を示し，その鋼の焼入れ性の目安にすることがある。

〔*1*〕 **鍛造用低合金鋼** 低合金鋼の最大の特長は，質量効果が小さい点にある。肉厚の薄いものや直径の小さいものについては中心まで焼きが入り強度が得られるから，あえて合金鋼を用いる必要はない。中心部まで焼きを入れたい場合や，焼入れによって生じる変形を嫌ったりするときは，合金鋼を用いる必要がある。焼入れによって，どの程度内部まで焼きが入るか否かを保証した合金鋼を，総称して **H 鋼**といい，合金記号の後に H という記号を付してある。

〔*2*〕 **は だ 焼 鋼** 表面が硬く，耐摩耗性があり，内部が強く靱性のある部品（例えば歯車）が必要なときに，**はだ焼鋼**が使用される。JIS に規定されている鋼種は，炭素はだ焼鋼（S 09 CK，S 15 CK，S 20 CK）3 種類，Cr はだ焼鋼（SCr 415，420）2 種類，Cr-Mo はだ焼鋼（SCM 415，418，420，421，

425, 822) 6 種類, Ni-Cr はだ焼鋼 (SNC 415, 815) 2 種類, Ni-Cr-Mo はだ焼鋼 (SNCM 220, 415, 420, 616, 815) 5 種類, Mn はだ焼鋼 (SMn 420) 1 種類, それに Mn-Cr はだ焼鋼 (SMnC 420) 1 種類である。

1）浸炭鋼　浸炭処理方法には固体浸炭, 液体浸炭, ガス浸炭の方法がある。

固体浸炭法では, まず炭素量の少ない (0.1 ～ 0.2% C) 低合金鋼で部品を粗造りし, これを浸炭箱に入れて 900℃程度で数時間加熱保持する。木炭に炭酸バリウム, 炭酸ソーダ, 炭酸カルシウムなどを数%加えた浸炭剤が加熱されると, CO, CO_2 ガスを発生し, これが反応して C が部品の表面から内部へ浸透していく。部品の表層は炭素量の多い鋼となって硬化する。焼入れ, 焼戻しをして一層強くなる。浸炭深さは, 拡散の時間が長く, 高温度になるほど深くなる。

液体浸炭法では, Na または K の青酸塩を主成分とする浸炭剤を用いる。固体浸炭の場合よりやや低めの温度の浴中に浸漬保持する。

ガス浸炭法では, プロパンガスやメタンガスのような炭化水素ガスを用いる。浸炭温度は, 固体浸炭法と同じである。

2）窒化用鋼　窒化用鋼としては, (1.3 ～ 1.7)% Cr-(0.15 ～ 0.30)% Mo-(0.7 ～ 1.2) % Al 鋼 (SACM 645) のみが JIS に規定されている。SACM 645 をアンモニアガス雰囲気で 500 ～ 525℃に 50 ～ 75 時間加熱すると, 表面から N が鋼中に浸透し, 窒化物を作るため硬化する。窒化深さは 0.5 mm 前後, 窒化硬さは HV 900 以上に達する。窒化作業は浸炭作業に比べて加熱温度が低いため, 焼入れ, 焼戻し後に処理することができる。窒化による寸法変化は少ないから, 精密機械の重要部品に特に好んで用いられる。

2.4.7　快　削　鋼

工作機械の NC (numerical control：数値制御) 化や工具の性能向上で切削作業も自動化され, それに伴って被削材の材質も対応したものが必要となってきた。鋼に特殊な元素を添加することによって切削時の切粉が粉砕され, 被削

物の仕上げ肌がきれいになるようにした鋼を**快削鋼**（free cutting steel）（SUM：steel use machinable）という。

　JIS G 4804 には，炭素鋼に硫黄を添加，およびりんや鉛を硫黄に複合して作られた快削鋼が規定されている。

　〔*1*〕　**硫黄快削鋼**　　鋼に（0.1 ～ 0.25％ S と 0.4 ～ 1.5％ Mn）を添加して鋼中に微細な MnS を分散させると，この MnS がチップブレーカ（切粉を細かくする作用を持つ物質）として作用し被削性がよくなる。工具寿命を同じになるような条件で切削すると，同一炭素量の軟鋼と比較して約 2 倍の速いスピードで切削できる。MnS は不純物と同じものであるから，その材料の強度は 343 ～ 490 MPa 程度と低くなる。強さをあまり問題にしないところに用いられる。

　〔*2*〕　**鉛 快 削 鋼**　　添加された 0.1 ～ 0.35％ Pb は Fe と溶け合わないで，数 μm 程度のエマルジョンの形で分散し，切削熱によって軟化・溶融して，チップブレーカとして作用する。また Pb は固体潤滑剤の働きもするから，被削仕上げ面がきれいになる。Pb は Fe と反応しないから鋼にもろさを与えない。その材料の強度は 490 ～ 784 MPa 程度と高くなる。

2.4.8　ば　　ね　　鋼

ばね用材料には，つぎのような性質が要求される。

1）　弾性限度が高く，ばらつきのないこと。

2）　疲れ限度が高いこと。

3）　加工性，寸法精度が高いこと。

4）　耐熱性および耐食性がよいこと。

5）　経年変化が小さいこと。

　JIS G 4801 では熱処理ばね鋼を**ばね鋼**（SUP：steel use spring）**鋼材**と呼んでいる。

　Si-Mn 鋼，Mn-Cr 鋼，Cr-V 鋼，Mn-Cr-B 鋼，Si-Cr 鋼，Cr-Mo 鋼で各元素 1 ～ 2％を含む中炭素鋼の場合は，熱間でばねに成形した後に焼入れ，焼戻し

によって降伏応力を高めて用いる。熱処理の際に表面酸化による脱炭現象を生じない注意が必要になる。

ステンレス鋼は，Cr の炭化物生成による Cr 欠乏層を作らないために C%を低くしている。このようにすることで耐食性を向上させることができる。しかし，C%が低くなっているため，冷間加工による硬化が少ない。

JIS G 3502 に規定されている**ピアノ線材**（SWRS 62 A ～ 92 B）は，0.60 ～ 0.95 C%の炭素鋼に 0.2%以下の Cu を添加した成分の鋼材で，弁ばね，一般ばねに用いられる。強い線引加工に耐える微細なパーライト組織にするために 500℃前後の温度で恒温変態処理（**パテンティング処理**）をし，95%くらいの加工度まで冷間加工することによって耐力を向上させている。線径の小さいものほど加工度が大きくなるので，強度は上昇している。JIS G 3560，3561 に規定されている**オイルテンパー線**（SWO-A，B，SWDSC-B，SWOSM-A，B，C）は，冷間加工で強度を出すものではなく，油焼入れ後，焼戻しを行った（**オイルテンパーリング**と呼ばれる）線である。オイルテンパーリングにより，耐熱性や降伏比が高く，冷間加工による線よりも太い径の線が得られる。

2.4.9 展伸用銅合金

一般に純銅と呼ばれるものには，不純物元素としての酸素をコントロールする製法により**タフピッチ銅**，**リン脱酸銅**，**無酸素銅**の 3 種類がある。銅線をはじめとし一般に純銅製品といわれるものはほとんどタフピッチ銅である。タフピッチ銅のろう付けした部分を加熱すると水素脆性が生じる恐れがある。

JIS H 3250 による展伸用銅合金の種類，名称特色および用途例を，**表*2.8***に示す。伸銅用合金としては，Cu-Zn 系合金の黄銅，Cu-Zn-Pb 系合金の鉛入り黄銅（**快削黄銅**ともいう），Cu-Zn-Sn 系合金の耐海水性黄銅（**ネーバル黄銅**），Cu-Al 系合金の**アルミニウム青銅**，Cu-Zn 系合金の鉛レス・カドニウムレス快削黄銅などがある。これらの合金は非時効硬化型の合金といわれる。

使用にあたっては，引張応力の作用している黄銅部分に微量のアンモニア化合物が付着して起こす**応力腐食割れ**や，海水中で Zn のみが溶け出すように

表2.8　展伸用銅合金の特色と用途例（JIS H 3250（2021）による）

名　称	種　類（合金番号）	特　色	用 途 例
無酸素銅	C1020	電気の導電性，熱の導電性および展伸性に優れ，溶接性，耐食性及び耐候性がよい。還元性の雰囲気中で高温で加熱しても水素ぜい化を起こすおそれがない	電機部品，化学工業用など
タフピッチ銅	C1100	電気の導電性および熱の導電性に優れ，展延性，耐食性および耐候性がよい	
りん脱酸銅	C1201，C1220	展延性，溶接性，耐食性，耐候性および熱の伝導性がよいC1220は高温・還元性雰囲気中でも水素ぜい化を起こすおそれがない。C1201はC1220よりも電気の導電性がよい	
黄銅	C2600，C2700	冷間鍛造性および転造性がよい	機械部品，電機部品など
	C2800	熱間加工性がよい	
耐脱亜鉛腐食快削黄銅	C3531	被削性および耐脱亜鉛腐食性に優れ，展延性もよい	バルブ，水栓金具，継手，ステムなど
快削黄銅	C3601，C3602，C3603，C3604，C3605	被削性に優れる。C3601およびC3602は展延性もよい	ボルト，ナット，小ねじ，スピンドル，歯車，バルブ，時計，カメラなど
鍛造用黄銅	C3712	熱間鍛造性がよく，精密鋳造に適する	機械部品など
	C3771	熱間鍛造性および被削性がよい	バルブ，機械部品など
ネーバル黄銅	C4622，C4641	耐食性，特に耐海水性がよい	船舶用部品，シャフトなど
アルミニウム青銅	C6161，C6191，C6241	強度が高く，耐摩耗性および耐食性がよい	車両用，機械用，化学工業用，船舶用などのギヤーピニオン，シャフト，ブッシュなど
高力黄銅	C6782，C6783	強度が高く，熱間鍛造性および耐食性がよい	船舶用プロペラ軸，ポンプ軸など
ビスマス系鉛レス・カドミウムレス快削黄銅	C6801，C6802，C6803，C6804	被削性および熱間鍛造性に優れ，展延性もよい	ボルト，ナット，小ねじ，スピンドル，歯車，バルブ，ライター，時計，カメラなど
鉛レス・カドミウムレス快削黄銅	C6810，C6820	被削性および熱間鍛造性に優れ，展延性もよい	ボルト，ナット，小ねじ，スピンドル，歯車，バルブなど
けい素系鉛レス・カドミウムレス快削黄銅	C6931，C6932	強度が高く，被削性および熱間鍛造性に優れる	ボルト，ナット，小ねじ，スピンドル，歯車，バルブ，ライター，時計，カメラなど

なって腐食される**脱亜鉛腐食**といった問題に注意しなければならない。

2.4.10　展伸用アルミニウム合金

　アルミニウムはその密度が小さく（$\rho = 2.70$），鉄鋼（$\rho = 7.8$）の約 1/3 程度の軽金属である。軽量化や導電性，熱伝導性，磁気シールド性，耐食性などがよく，圧延加工がしやすく用途が広い。

　主要合金元素として Cu，Mg，Zn，Si，Mn を組み合わせたものが実用 Al 合金である。強化機構からは時効硬化型と非時効硬化型に大別される。非時効硬化型の合金では，冷間での加工硬化により材料の機械的強度を得ている。また時効硬化型合金では，時効による析出硬化の程度を変えることにより材料の力学的性質を調整することができる。このような操作を材料の**調質**といい，調質記号として F，O，H，W，T を合金記号に添えて表示することになっている。例えば，A1100-O，A5052-H1，A7075-T6 といった表し方をする。JIS によるアルミ合金の調質記号を**表 2.9** に示す。

　一般構造用 Al 合金は，A5000 シリーズ（Al-Mg 系合金）が主である。ほかに A3000 シリーズ（Al-Mn 系合金），A4000 シリーズ（Al-Si 系合金）も用いられる。これらは冷間加工によって強化された，非熱処理型で H 材として用いられる。

　一方，熱処理型合金は T 材として用いられる。すなわち，GP ゾーンや θ' 相の析出による時効硬化によって強化されたものである。A2000 シリーズ（Al-Cu 系合金）や A6000 シリーズ（Al-Mg-Si 系合金），それに A7000 シリーズ（Al-Zn-Mg 系合金）がある。A2014 は**ジュラルミン**と呼ばれ，過去には最強の Al 合金であった。現在では，A7075 が**超々ジュラルミン**と呼ばれ，航空機の機体材料として用いられている。その強度は 600 MPa 程度にもなっている。

　A2000 シリーズ，A7000 シリーズのような Cu を含む時効合金は，強度は優れているが耐食性は著しく低い。**アルクラッド**（alclad）といって，表面に耐食性のよい板（A1230，A6003 など）を張り合わせたものが使用される。

表 2.9 アルミニウム合金の調質記号 (JIS H 0001 (2021) による)

基本記号	定　義	細分記号	意　味
F	製造のままのもの		
O	焼きなましたもの		
H	加工硬化したもの	H1	加工硬化しただけのもの
		H2	加工硬化後適度に軟化熱処理したもの
		H3	加工硬化後安定化処理（低温加熱）したもの
		H4	加工硬化後塗装（加熱による部分焼きなまし）したもの
W	溶体化処理したもの		
T	熱処理によってF, O, H以外の安定な質別にしたもの	T1	高温加工から冷却後自然時効させたもの
		T2	高温加工から冷却後冷間加工を行い，さらに自然時効させたもの
		T3	溶体化処理後冷間加工を行い，さらに自然時効させたもの
		T4	溶体化処理後自然時効させたもの
		T5	高温加工から冷却後人工時効硬化処理したもの
		T6	溶体化処理後人工時効硬化処理したもの
		T7	溶体化処理後安定化処理（過時効）したもの
		T8	溶体化処理後冷間加工を行い，さらに人工時効硬化処理したもの
		T9	溶体化処理後人工時効硬化処理を行い，さらに冷間加工したもの
		T10	高温加工から冷却後冷間加工を行い，さらに人工時効硬化処理したもの

　JIS H 4000 によるアルミ合金番号，特性および用途例が，**表 2.10** のように示されている。

表 2.10 アルミニウム合金展伸材の特性と用途例 (JIS H 4000 (2021) による)

合金番号	特　性	用 途 例
1085, 1080, 1070	純アルミニウムのため強度は低いが，成形性，溶接性および耐食性がよい	反射板，照明器具，装飾品，化学工業用タンク，導電材など
1060	導体用純アルミニウムで電気伝導性が高い	ブスバーなど
1050	1085, 1080 などと同じ	

表2.10 つづき

合金番号	特　性	用　途　例
1050A	1050 より若干強度の高い合金	
1100	強度は比較的低いが，成形性，溶接性および耐食性がよい	一般用器物，建築用材，電気器具，各種容器，印刷版など
1100A (1N00)，1200	1100 より若干強度が高く，成形性も優れる	日用品など
1230A (1N30)	展延性および耐食性がよい	アルミニウムはく地など
2014	強度が高い熱処理合金である。合わせ板は，表面に 6003 をはり合わせて耐食性を改善したものである	航空機用材，各種構造材など
2014A	2014 より若干強度の低い熱処理合金	
2017	熱処理合金で強度が高く，切削加工性もよい	航空機用材，各種構造材など
2017A	2017 より強度の高い合金	
2219	強度が高く，耐食性および溶接性もよい	航空宇宙機器など
2024	2017 より強度が高く，切削加工性もよい。合せ板は，表面に 1230 をはり合わせ，耐食性を改善したものである	航空機用材，各種構造材など
2124		航空機用材など
3003，3103，3203	1100 より若干強度が高く，成形性，溶接性および耐食性もよい	一般用器物，建築用材，船舶用材，フィン材，各種容器など
3004，3104	3003 より強度が高く，成形性に優れ，耐食性もよい	飲料缶，屋根板，ドアパネル材，カラーアルミ，電球口金など
3005	3003 より強度が高く，耐食性もよい	建築用材，カラーアルミなど
3105	3003 より若干強度が高く，成形性および耐食性がよい	建築用材，カラーアルミ，キャップなど
5005	3003 と同程度の強度があり，耐食性，溶接性および加工性がよい	建築内外装材，車両内装材など
5110A (5N01)	3003 と同程度の強度があり，化学または電解研磨などの光輝処理後の陽極酸化処理で高い光輝性が得られる。成形性および耐食性もよい	装飾品，台所用品，銘板など
5021	5052 と同程度の強度であり，耐食性および成形性がよい	飲料缶用材など
5042	5052 と 5182 との中程度の強度の合金で，耐食性および成形性がよい	
5050		建築用材，冷凍機用材，電子機器用材など

表2.10 つづき

合金番号	特　性	用 途 例
5052	中程度の強度をもった代表的な合金で，耐食性，成形性，および溶接性がよい	船舶・車両・建築用材，飲料缶など
5154	5052と5083との中程度の強度をもった合金で，耐食性，成形性および溶接性がよい	船舶・車両用材，圧力容器など
5254	5154の不純物元素を規制して過酸化水素の分解を抑制した合金で，その他の特性は5154と同程度である	過酸化水素容器など
5454	5052より強度が高く，耐食性，成形性および溶接性がよい	自動車用ホイールなど
5754	5052と5454との中程度の強度をもった合金	
5456		高強度の溶接構造材，圧力容器，船舶用材など
5082,5182	5083とほぼ同程度の強度があり，成形性および耐食性がよい	飲料缶など
5083	非熱処理型合金中で最高の強度があり，耐食性および溶接性がよい	船舶・車両用材，低温用タンク，圧力容器，液化天然ガス貯槽など
5086	5154より強度が高く，耐食性の優れた溶接構造用合金	船舶用材，圧力用容器，磁気ディスクなど
6101	高強度導体用合金で，電気伝導性が高い	ブスバーなど
6061	耐食性が良好でおもにボルト・リベット接合の構造用材として用いられる	船舶・車両用材および陸上構造物など
6082	6061とほぼ同程度の強度があり，耐食性もよい	スキーなど
7204(7N01)	強度が高く，耐食性も良好な溶接構造用合金	車両その他の陸上構造物など
7010	7075とほぼ同程度の強度をもった合金	
7050		航空機，その他構造材など
7075	アルミニウム合金中高い強度をもつ合金の一つであるが，合わせ板は，表面に7072をはり合わせ，耐食性を改善したものである	航空機用材，スキーなど
7475	7075とほぼ同程度の強度があり，靭性がよい	超塑性材，航空機用材など
7178	7075より強度が高い合金	バット用材，スキーなど
8011A		はく地用材など
8021,8079	1230Aより強度が高く，展延性および耐食性がよい	アルミニウムはく地，装飾用，電気通信用，包装用など

2.4.11 チ タ ン 合 金

チタン（titanium）は実用金属材料としては最も新しいものの一つである。Ti と O_2 とが強固に結合している TiO_2 を，**スポンジチタン**として工業的に取り出すことができるようになった。つぎの反応式による**クロール法**で，ルチル鉱石から製錬される。

$$TiO_2 + 2Cl_2 + C \longrightarrow TiCl_4 + CO_2$$

$$TiCl_4 + 2Mg \longrightarrow Ti + 2MgCl_2$$

Ti が活性な金属であるために，TiO_2 が緻密な酸化皮膜として Ti の表面を被覆するので優れた耐食性を示すことになる。これは，ステンレス鋼における Cr_2O_3 やアルミニウムにおける Al_2O_3 と同様な働きである。

Ti はつぎのような優れた性質を持っているので，その消費量は増大し続けている。

1) 比強度が高い。

2) 耐熱性が比較的よい（使用限界温度は約 500℃）。

3) 耐食性が優れている。

4) 低温材料として熱膨張係数，熱伝導率が小さい。

5) 非磁性である。

〔*1*〕 **純 チ タ ン** **CP チタン**（commercial pure titanium）は，一般に**純チタン**と呼ばれ，構造材料として十分な強度を持っているうえに，ステンレス鋼を上回る耐食性を示す。比重は 4.54 で鋼の約 58％であり，弾性係数は 1.06×10^5 MPa で鋼の約 60％である。

純チタンの成形加工において，他の金属材料に比べてきわめて高い r 値を示し，逆に n 値は比較的小さい。これは，大きなスプリングバックと深絞り性に優れているという特徴を示す。他の金属と同じようにロール成形やプレス成形加工は可能であるが，加工条件を選定する際にはこの点を考慮しなければならない。

チタン消費の大部分は工業用純チタンであり，各種の伝熱管，化学反応装置に耐食材料として使われる。

〔2〕 **チタン合金**　　表**2.11**にチタン合金の分類を示す。チタン合金には
マトリックスが稠密六方格子構造のα相のもの，α相と体心立方格子構造のβ
相が共存するもの，β相のみの3種があり，それぞれα**合金**，$\alpha+\beta$**合金**，β**合
金**と呼ばれる。$\alpha+\beta$合金のなかでα相が大部分を占めるものは準α合金と呼
ばれる。JIS H 4600 では，チタン板およびチタン合金板について，つぎのよう
に分類している。

表**2.11**　チタンおよびチタン合金板の特性と用途例（JIS H 4600（2021）抜粋による）

組織による分類	種　類	記　　　号	概略組成	引張強さ〔MPa〕
α合金（工業用純チタン）	1 種	TP270	N, C, H, Fe, O について規定	270～410
	2 種	TP340		340～510
	3 種	TP480		480～620
	4 種	TP550		550～750
α合金	50 種	TAP1500	Ti-1.5 Al	345 以上
$\alpha+\beta$合金	60 種	TAP6400	Ti-6Al-4 V	895 以上
	60E 種	TAP6400E	Ti-6Al-4 V ELI	825 以上
	61 種	TAP3250	Ti-3Al-2.5 V	620 以上
β合金	80 種	TAP4220	Ti-4Al-22 V	640～900

1） **TAP 6400**（Ti-6% Al-4% V）　　高圧反応槽材，高圧輸送パイプ材，
レジャー用品，生体材料などに用途がある。高強度で耐食性がよい。

Ti-6Al-4V 合金の全伸びは，室温で 10 ～ 15%程度と小さく，かつ成形後の
スプリングバックが非常に大きいため，室温で成形加工することは困難であ
る。このような問題点を解決するために，熱間成形や超塑性成形が行われてい
る。温度の上昇とともに強度は急激に低下し，延性が上昇するので成形性は大
幅に改善される。

2） **TAP 6400E**（Ti-6% Al-4% V ELI：extra low interstitial）　　高強度で
耐食性がよく，極低温まで靭性を保つので，深海調査船の耐圧容器，生体材料
などに用途がある。比強度が高いので，宇宙・航空機産業にも使われる。

3） **TAP 3250**（Ti-3% Al-2.5% V）　　中強度で，耐食性，溶接性，成形性，

冷間加工に優れるので，箔，医療材料，レジャー用品に用途がある。

Ti-15 V-3 Cr-3 Sn-3 Al 合金は，常温で成形加工することができ，かつ時効により高い強度を得ている。溶体化の状態では優れた冷間加工性を有するが，時効後の成形加工はほとんど不可能である。この合金を使用すると，冷間成形が可能となることによって Ti-6% Al-4% V 合金に比べて生産性が大幅に向上するとされている。

表2.12には，チタン合金の競合する材料を示している。

表2.12　チタン合金の競合材料

使用チタン材	競合する特性	競合材料
耐食性 Ti 合金 CP チタン	耐食性	Cu 合金，Ni 合金，ステンレス鋼
β, $\alpha+\beta$ELI	耐食性と高比強度	高張力鋼，Co-Cr 合金
α ELI	低温での高比強度	オーステナイト系ステンレス鋼
準 α	高温での高比強度	耐熱鋼
β, $\alpha+\beta$	高比強度	高張力鋼，ばね鋼，Al 合金，複合材料

（伊藤，柴田，金子：材料テクノロジー 11　構造材料 [1] 金属系，東京大学出版会，p.192（1985））

溶融接合には（TIG：tungsten-inert gas）または電子ビーム溶接が用いられる。純チタンおよび α 相合金は，溶接後の強度特性の劣化がほとんどないという意味では溶接性はよい。加工および熱処理によって強度を上げている β 相および $\alpha+\beta$ 相合金では，溶接による組織変化とそれに基づく特性劣化が問題となる場合がある。溶融接合以外にも超塑性の利用などによる拡散接合が実用化されている。

〔3〕　化合物系材料および金属基複合材料　　また，TiNi 化合物は金属的性質を示し冷間加工も可能であり，形状記憶，超弾性材料として実用されている。TiFe 化合物相は水素吸蔵材料として実用化されつつある。チタンの高融点，高硬度化合物は，超硬合金（WC-TiC-Co 系），サーメット（TiC-Ni-Mo 系），セラミックス（Al_2O_3-TiC 系）として切削工具に使われている。

2.5 鋳造用金属材料

　設計に基づいて複雑な形状をしている部品を製作するには，素材から鍛造法や切削加工法によって造るよりも，鋳造法によるほうが容易であり，また同じ形状の部品を量産するにも経済的である。

　鋳物材料としては，融点の低いこと，湯の流動性がよいこと，凝固の際の収縮が小さいことなど各種の性質が要求される。鋳造法で用いる溶融金属の粘度は低いので，自重だけで鋳型（mold）を満たすことができる場合を**重力鋳造法**（gravity casting）という。また，何らかの圧力をかけることでできる方法を，**遠心鋳造法**（centrifugal casting）または**ダイカスト法**（die casting）という。

　鉄系材料では鋳鉄が古くから使用されてきた。そのもろさのため，衝撃荷重や高い張力のかかる部品には使えなかった。強い鋳物が必要なときは，鋼の鋳物が使われるようになった。

　非鉄鋳造用金属材料としては Cu 合金，Al 合金，Zn 合金，Mg 合金などがある。Cu 合金鋳物は比重が大きいため比強度が小さくなり，ケースなどの機械部品には不適当である。しかし，熱および電気の伝導性，耐摩耗性，耐食性を要求する部品用に適する。Al 合金はダイカストに適している。この他に Zn 合金や Mg 合金もこの方法で鋳造される。この節では，これら各種の鋳造法に用いられる鋳造用金属材料について理解を深めることを目標とする。

2.5.1 鋳　　　　　鉄

　鋳鉄（cast iron）は基本的には，**白鋳鉄**（white cast iron）と**ねずみ鋳鉄**（gray cast iron）の二つに大別される。

　鋳鉄品には**表 *2.13*** に示す特徴があげられる。いくつかの欠点はあるにしても，多くの利点から，鋳鉄品でなければならない機械構造部品は非常に多い。

　材質の研究や鋳造技術の改善が行われ，強靭な鋳鉄がつぎつぎに造られてきた。

表 *2.13* 鋳鉄品の利点および欠点

利　　点	欠　　点
鋳造性がよい 耐摩耗性がよい 振動減衰能が大きい 圧縮強さが大きい 低価格である 被削性がよい 熱伝導率が大きい 高温強さがある	靭性，衝撃値が低い 塑性変形能に乏しい 溶接性に劣る

〔*1*〕　**鋳鉄の組成**　　鋳鉄の主成分は Fe-C-Si であり，C は約 2 ～ 4.5%，Si は約 0.5 ～ 3.0%で，炭素鋼よりもはるかに C%が高く，組織はまったく異なってくる。**図 *2.43*** に示す状態図では，4.32 wt% C までは C%の増加とともにその液相線は低下する。鋳鉄の凝固の際にのみ形成される組織が**レデブライト**である。4.32 wt% C の液相を，1 130℃ 以下に冷却すると得られる組織で，γ 相と Fe_3C 相の積み重ねからなる共晶複合組織である。レデブライトのなかの γ 相は，723℃ で α 相と Fe_3C 相に変態する。2.11% C 以上の組成で共晶反応を起こす合金が鋳鉄である。

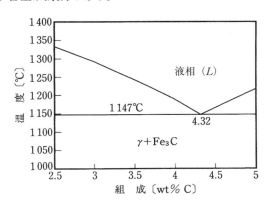

図 *2.43* Fe-C 系合金状態図（鋳鉄に関する部分）
（長崎誠三：金属臨時増刊号　実用二元合金状態
図集，アグネ（1992））

〔*2*〕　**黒鉛の作用**　　溶融した Fe 中の炭素が凝固するのに，炭素鋼の場合は **Fe_3C**（cementite）という炭化物となるが，鋳鉄では大部分の炭素は Fe_3C

としてではなく，むしろ**黒鉛**（graphite）として元素の状態で分離して存在している。普通鋳鉄に含まれる片状黒鉛は，**表2.14**に示すようないくつかの独特な作用をする。これらの黒鉛の作用が複合して働く結果，鋳鉄の用途が決まってくる。

表2.14 黒鉛の作用

黒鉛の作用	現　象	応　用
切欠き効果 固体潤滑効果 高熱伝導性 高減衰能	切粉が砕細される 優れた耐摩耗性 振動の吸収は鋼の 6〜10倍	優れた切削加工性， 工作機械の摺動面，クラッチ板 シリンダ，ブレーキドラム， 振動部品用材料
圧縮強さ 黒鉛の成長	引張りの3〜4倍の強さ 黒鉛化による膨張	機械の台板（ベッド） Al, Si, Cr添加で抑えて，耐熱鋳鉄にする

高温強度は500℃ぐらいまでは低下しないが，650℃以上の加熱冷却の繰り返しを行うと，黒鉛化による膨張と変態での体積変化に伴って生じる割れ目の膨張が原因となって，いわゆる鋳鉄の成長が問題となる。

Fe_3Cを安定な形にして熱分解を妨げる対策として，酸化しやすいCやSiをなるべく少なくすることや，熱変化に抵抗の大きいCr, Mn, Mo, Ni等を添加して効果をあげている。

〔3〕 **鋳鉄の分類と用途**

1）　**ねずみ鋳鉄**　　ねずみ鋳鉄（gray cast iron）はSiを約2 wt％含んでおり，そのため系の熱力学的状態から，$Fe-Fe_3C$より$Fe-C$のほうが安定となる。切断面が黒鉛のためにねずみ色を呈していることからねずみ鋳鉄と呼ばれる。**図2.44**に走査型電子顕微鏡で撮影した写真を示す。黒い部分は片状黒鉛である。基地はパーライト組織である。

JISによって**表2.15**に示すように分類されている。数字は引張強さ〔MPa〕を表しているが，結晶粒径が微細になる薄肉部分の強度はこれよりも高くなっている。機械構造用部品一般を用途にしている。

ねずみ鋳鉄の特性は黒鉛の形状に強く影響される。強靭な鋳物を造るには黒

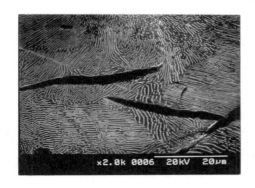

図 *2.44* ねずみ鋳鉄組織（走査型電
子顕微鏡による写真撮影）

表 *2.15* ねずみ鋳鉄品の用途（JIS G 5501（2021）による）

種類の記号	名 称	用 途
FC 100〜250	普通鋳鉄品	あまり強度を要求しない機械部品
FC 300, 350	強靭鋳鉄品	内燃機関部品，工作機械部品

鉛の形を細かく一様に分布させるために，Ca–Si 合金を接種する方法をとる。

2）　球状黒鉛鋳鉄　　ねずみ鋳鉄は，片状黒鉛に応力が集中し，割れの起
点となりやすい。黒鉛の形を球状にすることによって応力集中を避けること
で，割れの発生しにくい鋳物を造ることができる。

　鋳造のままで球状の黒鉛となるように溶融時に Mg や Ce を添加したものは
球状黒鉛鋳鉄（spheroidal graphite cast iron）と呼ばれる。**図** *2.45* に示す
ように，走査型電子顕微鏡で観察すると，高 Si，低 Mn になるにつれて**ブル
ズアイ**（牛の目）と呼ばれる独特な球状組織が観察される。靭性に優れ，驚く

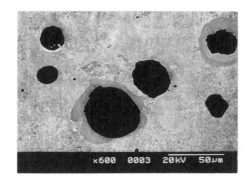

図 *2.45*　球状黒鉛鋳鉄組織（走査
型電子顕微鏡による写真撮影）

ほど高い延性を示すので，**靭性鋳鉄**（ductile cast iron）とも呼ばれる。JIS による分類は，**表2.16** に示すようになっている。この鋳鉄の素地が炭素鋼と同じになり，熱処によって強度も 400 〜 700 MPa 程度に向上させることができる。

表2.16　球状黒鉛鋳鉄品の用途（JIS G 5502（2021）による）

種類の記号	名　称	用　途
FCD350-22〜450-10	フェライト球状黒鉛鋳鉄	耐圧鋳物，各種耐熱部品
FCD500-7，600-3	フェライト＋パーライト鋳鉄	鋳鉄管，バルブ，耐摩耗部品
FCD700-2	パーライト鋳鉄	鋳鉄管，歯車，自動車のカム軸，クランク軸
FCD800-2	パーライトまたは焼戻しマルテンサイト鋳鉄	

3）　可鍛鋳鉄　　Fe_3C のみが含まれているものは Fe_3C のへき開面で光が反射されるために，銀白色の破面であることから**白銑**（white pig iron）または**白鋳鉄**ともいわれ，可鍛鋳鉄（malleable cast iron）の原料となっている。白鋳鉄は α 相と Fe_3C 相からなるが，Fe_3C の体積率が大きいためにもろい。これを熱処理（900 〜 950℃で 30 〜 60 時間加熱）することによって

第1段階　　　$Fe_3C \longrightarrow C + パーライト$

第2段階　　　パーライト中の $Fe_3C \longrightarrow C + Fe$

というように変えていく。こうしてフェライト中に割れの発生になりにくい**テンパーカーボン**（temper graphite）を生成させたものが**黒心可鍛鋳鉄**（FCMB）である。

　また，白鋳鉄を酸化剤で包み，850 〜 1 000℃で 40 〜 100 時間加熱すると，Fe_3C を酸化物中の O_2 によって CO という形で脱炭して鋼の成分に近づけ，延性を与えたものが**白心可鍛鋳鉄**（FCMW）である。

　この他に，第2段階を省略して素地組織をパーライトにし，そのなかに黒鉛を分布させ引張強度，耐力，耐摩耗性をも向上させたものが**パーライト可鍛鋳鉄**（FCMP）である。JIS による分類は，**表2.17** に示すようになっている。

表2.17 可鍛鋳鉄品の用途（JIS G 5705（2021）による）

種類の記号	名　称	用　途
FCMB275-5〜350-10S	黒心可鍛鋳鉄品	自動車部品，管継手類，農機具，建築用品
FCMW350-4〜550-4	白心可鍛鋳鉄品	使用少なし
FCMP450-6〜800-1	パーライト可鍛鋳鉄品	自動車の車軸，クラッチ，シリンダライナ

　普通鋳鉄では強さと靭性が不足する，鋳鋼では鋳造困難である，鍛鋼品では高価すぎるといった部品に適している。

2.5.2 鋳　鋼　品

　設計された機械部品の形状が複雑で，しかも高強度，高靭性，耐摩耗性，耐食性などを要求するような場合には，鋳鋼（cast steel）が用いられる。しかし，鋼は機械的性質が優れているが，一般には融点が高いため鋳造が困難である。鋳鋼品の特徴は，**表2.18** に示すようなものである。JIS では，**表2.19** に示すような種類が規定され，現在では多量に用いられるようになってきている。

表2.18 鋳鋼品の利点および欠点

利　点	欠　点
普通鋳鉄に比べ高強度，靭性に富む 均質で，耐力に方向性がない 疲労限と耐摩耗性は，鍛造品より優れる 熱処理によって，強度が優れる 高 Ni，Mo 添加で，高耐食性が可能	強度は鍛鋼品に劣る 溶解温度が高いので設備が 大掛かり 熱処理で鋳造組織の不均一 さは除去されない

2.5.3 鋳造用Cu合金

　Cu 合金鋳物は電気および熱の伝導性，耐摩耗性，耐食性などが優れているから，これらの性質を要求する部品用に適している。

　鋳物用 Cu 合金の分類を**表2.20** に示す。鋳物用 Cu 合金の基本は銅，黄銅，青銅で，実用合金はこれらの基本合金の組み合わせか，第3元素の添加によって性能を向上させたものである。高力黄銅，シルジン青銅，アルミニウム青銅

表 *2.19* 鋳鋼品の種類 （JIS G 5101, 5102, 5111, 5121, 5131 （2021）による）

名 称	種類の記号	適 用
炭素鋼鋳鋼品	SC （360～480）	一般構造用 （360 は電動機部品用）
溶接構造用鋳鋼品	SCW （410～620）	溶接構造用
構造用高張力炭素鋼および低合金鋼鋳鋼品	SCC （3, 5）	構造用 （5 は構造用，耐摩耗用）
	SCMn （1, 2, 3, 5）	
	SCSiMn2	構造用 （特にアンカーチェーン用）
	SCMnCr （2, 3, 4）	構造用 （4 は構造用，耐摩耗用）
	SCMnM3	構造用，強靭材用
	SCCrM （1, 3）	
	SCMnCrM （2, 3）	
	SCNCrM2	
ステンレス鋼鋳鋼品	SCS （1～36N）	
高マンガン鋼鋳鋼品	SCMnH （1, 2, 3, 11, 21） GX100Mn13 GX120Mn （13, 17） GX120MnCr （13-2, 17-2） GX120MnMo7-1 GX110MnMo13-1 GX90MnMo14 GX120MnNi13-3	SCMnH （1, 2, 3, 11, 21）は一般用，レールクロッシング用，抗体力高耐摩耗用 （ハンマー，ジョープレートなど），キャタピラシュー用（JIS G 5131 （1999）より）

表 *2.20* 銅および銅合金銅鋳の分類 （JIS H 5120 （2021）抜粋による）

種 類	記 号	合金系	用 途
銅鋳物 1～3 種	CAC101～103	Cu 系	羽口，電気用ターミナル，一般電機部品など
黄銅鋳物 1～3 種	CAC201～203	Cu-Zn, Cu-Zn-Pb	フランジ類，計器部品，建築用金具など
高力黄銅鋳物 1～4 種	CAC301～304	Cu-Zn-Mn-Fe-Al, Cu-Zn-Al-Mn-Fe	船用プロペラ，軸受，大形バルブ，ナットなど
青銅鋳物 1～11 種	CAC401～411	Cu-Sn-Zn-Pb, Cu-Sn-Zn, Cu-Sn-Zn-Ni-S	軸受，ポンプ部品，バルブ，水道用資機材など
アルミニウム青銅鋳物 1～4 種	CAC701～704	Cu-Al-Fe-Ni-Mn, Cu-Al-Mn-Fe-Ni	耐酸ポンプ，軸受，化学工業用機器部品など
シルジン青銅鋳物 1～4 種	CAC801～804	Cu-Si-Zn	船用ぎ装品，軸受，歯車，継手など

などがある。

Cu に 10% 近くの Sn を固溶させたものが**青銅**（bronze）であり，歴史のなかで青銅器時代という一時代を作ってきた。機械部品としての青銅鋳物はほとんどが**砲金**（gun metal）であり，Sn の一部を Zn で代用することで価格を下げ，かつ鋳造性を改良している。また，**シルジン青銅**（silzin bronze）はこの成分のうち，Sn を比重の軽い Si で置き換えることで軽量化に役立つ。なお，また Si 添加で耐海水性がよくなり船舶用の部品に使われる。

10% Al を含む Cu に Fe，Ni などを添加した**アルミニウム青銅**（aluminium bronze）は，耐食性，耐海水性，耐疲労性，耐摩耗性が向上したものである。耐食材としては熱交換器，バルブコック，ポンプなどの各種流体機械部品用に，そしてまた，耐海水材としては船舶用のスクリューなどに使われる。強力材としてはシャフト，ベアリング用リテーナ，ボルト，ナットなどの各種機械部品用に広い用途を持っている。この合金鋳物は肉厚が大きな場合，焼戻しの際に冷却が遅くなるために 537℃ で，$\beta \rightarrow \alpha + \gamma_2$ という共析変態が起きて，もろい性質を示す γ_2 相が現れる。これを**自己焼なまし**（self annealing）という。急冷することによってこの変態を阻止することができる。

2.5.4 **鋳造用Al合金**

鋳造用 Al 合金としては，非熱処理型合金の Al-Si 系合金および Al-Mg 系合金，熱処理型合金の Al-Cu-Mg-Si 系合金および Al-Mg-Si 系合金などがある。アルミニウム合金鋳物についての分類を**表2.21**に示す。

実用上，分類名の AC1A，……，AC8B などとは別に付けられた呼び名を使うことが多い。鋳造性がよくて，薄肉鋳物に適している Al-Cu-Si 系の AC2A は**ラウタル**（lautal）と呼ばれ，Al-Si 系の AC3A は**シルミン**（silumin）と呼ばれる。これを厚肉で使うときは，Na や Na 塩を添加して共晶 Si を微細化するための改良処理をする。また，Al-Cu-Ni-Mg 系の AC5A は，**Y合金**（Y-alloy）と呼ばれ，耐熱性に優れるのでピストンに使われる。Al-Si 系に Cu，Ni，Mg を添加した AC8A は，熱膨張率が小さくて**ローエックス**（lo-ex：

表2.21 アルミニウム合金鋳物の用途
（JIS H 5202（2021）抜粋による，組成は中央値で表示）

種類の記号	呼び名	組　成	用　途
AC2A	ラウタル	Al-3.75 Cu-5 Si	シリンダヘッド，マニホールドデフキャリア
AC3A	シルミン	Al-11.5 Si	ケースカバー，ハウジングの薄肉物
AC4A	ガンマーシルミン	Al-9 Si-0.45 Mg-0.45 Mn	クランクケース，ミッションケース，ギアボックス
AC5A	Y合金	Al-4 Cu-1.5 Mg-2 Ni	空冷シリンダヘッド
AC8A	ローエックス	Al-1.05 Cu-12 Si-1 Mg-1.15 Ni	自動車用ピストン，軸受，プーリー

low expansion の略）と呼ばれる。これは耐熱性のある合金で，ピストン用に金型鋳造される。

2.5.5　ダ イ カ ス ト

ダイカスト（die casting）は，金型に溶湯を高圧で押し込む鋳造法である。重力で溶湯を流し込む方法を**金型鋳造法**（gravity die casting），圧力をかける方法を**ダイカスト法**（pressure die casting）という。ダイカスト機には**コールドチャンバ**（cold chamber）方式と**ホットチャンバ**（hot chamber）方式とがある。ホットチャンバでは，シリンダの温度は溶湯と同じ温度に保持されている。コールドチャンバでは溶湯よりもはるかに低くなっているので，一部凝固を始めたような溶湯が金型に圧入される。シリンダと金型が溶融した合金に耐えれば，どのような合金でもダイカストが可能である。

現在使用されているダイカスト用合金は，Al 合金（ADC），Zn 合金（ZDC），Mg 合金（MDC）などである。各種ダイカスト用合金の組成を**表2.22**に示す。

〔**1**〕　**アルミニウム合金ダイカスト**（ADC）　　アルミニウム合金は部品の軽量化に役立つので，大いに利用されている。自動車のシリンダヘッド，クランクケース，キャブレタなどはほとんどアルミニウム合金ダイカスト品である。その成分は Al-Si-Fe 系に Mg，Cu，Mn などが種類によって添加されている。現在使用されているのはほとんど ADC12 である。鉄との溶着がはげしい

表 2.22 各種合金ダイカストの用途
（JIS H 5302, 5301, 5303（2021）抜粋による，組成は中央値で表示）

種　　類	記　号	組　　織	用　　途
アルミニウム合金ダイカスト	ADC1	Al-12 Si	自動車用メインフレーム，ホームベーカリー用内釜など
	ADC3	Al-10 Si-0.5 Mg	自動車用ホイルキャップ，二輪車用ブラケットマフラ，自転車用ホイールなど
	ADC5	Al-6.25 Mg	船外機用プロペラ，農機具用振動アーム，釣り具用ベールアームレバー
	ADC6	Al-3.25 Mg-0.5 Mn	二輪車用バンドレバー，船外機用プロペラ，電算機用磁気ディスク装置など
	ADC10	Al-3 Cu-8.5 Si	自動車用ウォータポンプカバー，二輪車用ショックアブソーバ・ケース，雪上車用クランクケースなど
	ADC12	Al-2.5 Cu-10.8 Si	
	ADC14	Al-4.5 Cu-17 Si-0.55 Mg	自動車用ハウジング，二輪車用インサート
亜鉛合金ダイカスト	ZDC1	Zn-3.9 Al-1 Cu-0.04 Mg	自動車ブレーキピストン・シートベルト巻取金具など
	ZDC2	Zn-3.9 Al-0.04 Mg	自動車用ラジエータグリルモール・キャブレタなど
マグネシウム合金ダイカスト	MDC1B	Mg-9 Al-0.68 Zn-0.32 Mn	チェーンソー，ビデオ機器，音響機器など
	MDC1D	Mg-9 Al-0.68 Zn-0.33 Mn	
	MDC2B	Mg-6 Al-0.42 Mn	自動車部品，スポーツ用品
	MDC3B	Mg-4.25 Al-0.53 Mn-1 Si	自動車エンジン部品
	MDC4	Mg-4.85 Al-0.43 Mn	自動車部品，スポーツ用品
	MDC5	Mg-2.05 Al-0.52 Mn	自動車部品
	MDC6	Mg-2.15 Al-0.44 Mn-0.95 Si	自動車エンジン部品

という問題があるので，ダイカスト機はコールドチャンバ方式が使用される。
耐食性の面から Cu を含まない ADC 1, 3, 5, 6 が利用されることもある。

〔2〕　**亜鉛合金ダイカスト**（ZDC）　　合金成分としては Zn に Al, Cu, Mg, Fe を添加している。Pb, Cd, Sn などは，亜鉛合金鋳物の長期使用時に粒界腐食を発生させる要因を作るので，その合計は 0.012% 以下に抑えられている。Mg は Pb の害を防ぐために添加されている。亜鉛合金（ZDC2）はアルミニウム合金に比べて鋳込み温度が低いので金型の寿命が長く，寸法精度の高

いものも鋳造できるし，機械的性質も優れている。またダイカスト機のピスト
ン，シリンダなどの鉄と反応することが少ないので，ホットチャンバ方式が使
用される。多くの亜鉛合金ダイカストはニッケル・クロムめっきを施して使用
される。

〔3〕　**マグネシウム合金ダイカスト**（MDC）　　JIS では合金の種類は 7 種
類で，その合金添加元素は Al，Zn，Mn，Si，Cu，Ni，Fe である。

マグネシウム合金（MDC1B）は，その比重の小さいことにより比強度がダ
イカスト合金のなかで最も高いのが特徴である。自動車部品などに用いられて
いる。

2.6　工具用金属材料

材料を機械加工していくうえで工具の選定は非常に重要な役割を果たすもの
である。工具用金属材料の種類には，工具鋼としての炭素工具鋼，高速度工具
鋼，合金工具鋼，焼結工具としての超硬合金，サーメットなどがある。用途の
面から分類すると，切削工具用，金型用，耐衝撃用などに分かれる。

工具用材料に要求される性質としては耐食性，耐摩耗性，靭性，被加工性に
優れていること。硬度，熱伝導度，圧縮強さが高いこと。熱処理変形が少ない
こと。耐焼付き性のあることなど多種多様であるが，用途によって要求される
性質も異なる。この節では，これら工具用材料について理解を深めることを目
標とする。

2.6.1　工　　具　　鋼

刃物や各種の工具に用いられる鋼については，**炭素工具鋼**（carbon tool
steel），**高速度工具鋼**（high speed tool steel），**合金工具鋼**（alloy tool steel）
が JIS に規定されている。なかでも合金工具鋼については，切削工具用，耐衝
撃工具用，冷間金型用，熱間金型用と分かれている。

工具鋼には硬靭であることが要求される。マルテンサイト組織のなかに，耐

摩耗性を受け持つ炭化物の多数の粒が一様に分布している状態のものがよい。そのためには，0.6 〜 1.5% C 程度の高炭素鋼を用い，0.5%程度の炭素量を固溶した比較的粘いマルテンサイト中に残りの炭素量を炭化物として分布させておく必要がある。高炭素鋼を焼入れて，硬さがあまり下がらないように低温焼戻しをして使用する。

〔**1**〕　**炭素工具鋼**　　炭素工具鋼の炭素量は 0.6 〜 1.5% C で，合金元素は含まず P，S の少ない良質の高炭素鋼である。JIS（G 4401）では，SK（steel KOUGU）の記号が用いられる。含有炭素量とおもな用途について**表2.23**のように規定されている。

表2.23　炭素工具鋼の含有炭素量および用途（JIS G 4401（2021）抜粋による）

種類の記号	炭　素　量	おもな用途
SK 140	1.30〜1.50%C	刃やすり，紙やすり
SK 120	1.15〜1.25%C	ドリル，小型ポンチ，かみそり，鉄鋼やすりなど
SK 105	1.00〜1.10%C	ハクソー，たがね，ゲージ，ぜんまい，プレス型など
SK 95	0.90〜1.00%C	木工用きり，おの，たがね，ぜんまい，ペン先など
SK 85	0.80〜0.90%C	刻印，プレス型，ぜんまい，帯のこ，刃物など
SK 75	0.70〜0.80%C	刻印，スナップ，丸のこ，ぜんまい，プレス型
SK 65	0.60〜0.70%C	刻印，スナップ，プレス型，ナイフ

高炭素鋼（過共析鋼）をそのまま焼入れると，網目状の初析セメンタイトが細かく残り非常にもろくなる。そのため高炭素工具鋼は**図2.46**に示すよう

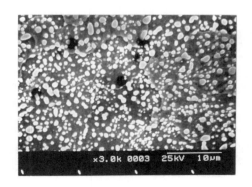

図2.46　高速度工具鋼の球状化焼なまし組織（走査型電子顕微鏡による写真撮影）

な熱処理によって, **球状セメンタイト** (spheroidal cementite) にしたものを
A_1 と A_{cm} との間の温度 (750 ～ 840℃) に加熱して水中に焼入れする。この
とき焼割れができないように注意しなければならない。また, **図2.47**に示す
ように炭素鋼の焼入硬さは, 0.6％ C までは炭素量に比例して硬くなるが,
それ以上の炭素量では硬さはあまり変わらない。焼戻し温度も 200℃を越すと
低温焼戻し脆性が現れるので, すべての鋼種について共通で 150 ～ 200℃であ
る。

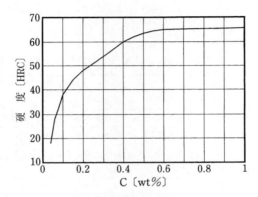

図2.47　含有炭素量と炭素鋼の焼入れ硬さ
（日本鉄鋼協会編：鋼の熱処理, 改訂5版,
p.15, 丸善 (1969)）

〔2〕　**高速度工具鋼**　　高速度工具鋼は, 炭素工具鋼に W, Cr, V, Mo, Co
を多く添加したものである。JIS では, SKH (steel KOUGU high speed cutting
tool) の記号が用いられる。概略成分および参考用途について**表2.24**のよう
に規定されている。

　これを**図2.48**に示す作業線図に沿って熱処理をする。多くの合金成分を多
量に含んだ高速度工具鋼の場合は, 焼入れ温度に加熱する場合には 500 ～ 600
℃で第1次予熱を行い, 引き続いて 850 ～ 900℃で第2次予熱を行う。その後
鋼種によって異なるが, 1 220 ～ 1 330℃という融点直下の温度から油焼入れ
を行う。焼入れ前の保持時間は約1分程度と短時間である。550 ～ 600℃で焼
戻しを行うが, 焼戻しは1回だけよりも2回行って揺さぶりをかけるほうが硬

表2.24 高速度鋼の組成および用途（JIS G 4403（2021）による，組成は中央値で表示）

分　類	種類の記号	組成（残り Fe）	おもな用途
W系	SKH 2	0.78 C-4.15 Cr-17.95 W-1.1 V	一般切削用
	SKH 3	0.78 C-4.15 Cr-18 W-1 V-5 Co	高速重切削用
	SKH 4	0.78 C-4.15 Cr-18 W-1.25 V-10 Co	難削材切削用
	SKH 10	1.53 C-4.15 Cr-12.5 W-4.7 V-4.7 Co	高難削材切削用
粉末冶金 Mo系	SKH 40	1.28 C-4.15 Cr-5 Mo-6.2 W-2.95 V-8.4 Co	硬さ，靭性，耐衝撃性を必要とする一般切削用
Mo系	SKH 50	0.82 C-4 Cr-8.5 Mo-1.7 W-1.2 V	靭性を必要とする一般切削用
	SKH 51	0.84 C-4.15 Cr-4.95 Mo-6.3 W-1.9 V	
	SKH 52	1.05 C-4.15 Cr-6 Mo-6.3 W-2.45 V	比較的靭性を必要とする高硬度材切削用
	SKH 53	1.2 C-4.15 Cr-4.95 Mo-6.3 W-2.95 V	
	SKH 54	1.33 C-4.15 Cr-4.6 Mo-5.6 W-3.95 V	高難削材切削用
	SKH 55	0.91 C-4.15 Cr-4.95 Mo-6.3 W-1.9 V-4.75 Co	比較的靭性を必要とする高速重切削用
	SKH 56	0.9 C-4.15 Cr-4.95 Mo-6.3 W-1.9 V-8 Co	
	SKH 57	1.28 C-4.15 Cr-3.55 Mo-9.5 W-3.25 V-10 Co	高難削材切削用
	SKH 58	1 C-4 Cr-8.5 Mo-1.8 W-1.95 V	靭性を必要とする一般切削用
	SKH 59	1.1 C-4 Cr-9.5 Mo-1.55 W-1.1 V-8 Co	比較的靭性を必要とする高速重切削用

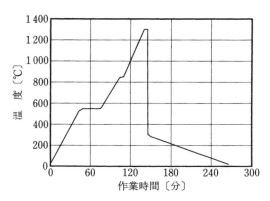

図2.48 高速度工具鋼の焼入れ作業線図

さも上がり切削能も高まる。Fe_4W_2C, VC, $(CrFe)_{23}C_6$ などといった硬い炭化物の結晶が合金中に分布した，**二次硬化**（secondary hardening）の状態で使用する。

図 2.49 に示すような二次硬化による硬さであるから，焼戻し温度近くまで高温強度が保たれている。焼入れ温度が低い場合は，オーステナイト中に固溶する W，Cr，V などの元素の量が少ないために，二次硬化の程度も少ない。高速度鋼は，融点近くまで加熱をして焼入れないとその性能を十分発揮することができない。また，1 300℃ 付近まで加熱しても加熱時間が短かい場合は，未溶解の炭化物が多く，オーステナイト結晶粒の粗大化は起こらないので，もろくはならない。この鋼材で造った切削工具を用いると，高速で鋼材を切削できるので**高速度工具鋼**（略してハイス）と呼ばれている。添加される主要合金元素によって W 系（SKH 2 ～ 10）と Mo 系（SKH 40 ～ 59）とに分けられる。

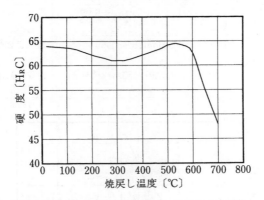

図 2.49　高速度工具鋼の焼戻しによる二次硬化
（門間：大学基礎　機械材料, 実教出版 (1978),
p.95 より抜粋）

W 系の代表は SKH 2 で，これに Co を加えた SKH 3，4 は高速重切削用および難削材切削工具用で，V を多くした SKH 10 は高難削材切削工具用で V ハイスと呼ばれる。

Mo 系はドリルやタップによく用いられる。なかでも V の多いもの（SKH 52，53）は，衝撃のかかる高硬度材切削工具用として使用される。ま

た，Co の多いもの（SKH 55，56）は，衝撃のかかる高速重切削工具用として使われる。SKH 57 は，**超高速度工具鋼**（スーパーハイス）といわれる。

高速度工具鋼では添加物が多く，その化学成分を均一にすることが困難である。粉末冶金法により造られた焼結ハイスのエンドミルやタップのような成形工具などは，きわめて粘り強く，研削性に優れ，工具寿命も有利である。

〔**3**〕　**合金工具鋼**　　炭素工具鋼は**焼入れ性**（hardenability）が悪いので，鋼の焼入れ性を高めるには Ni，Mn，Cr，W，Mo，Si などの元素を添加した合金鋼が有効である。

さらに W を添加すると，W の炭化物が非常に硬く，工具鋼の耐摩耗性を高める。しかし，W だけでは焼入れ性はあまりよくならないから，焼入れ性を増すために Cr を加えてある。W と同じ意味で，V を加えたものもある。

JIS には，（SKS：steel KOUGU special），（SKD：steel KOUGU dies），（SKT：steel KOUGU TANZOU）の記号が用いられる。それらの概略組成と参考用途が**表 2.25** の切削工具用 8 鋼種，**表 2.26** の耐衝撃工具用 4 鋼種，**表 2.27** の冷間金型用 10 鋼種および**表 2.28** の熱間金型用 10 鋼種について規定されている。

たがねやポンチ類のように衝撃力を受ける工具鋼には，炭素量を低くして靭性を高めたものが要求される。硬さと靭性とは相反する性質である。

表 2.25　切削工具鋼用合金鋼の組成および用途
（JIS G 4404（2021）による，組成は中央値で表示）

種類の記号	組成（残り Fe）	おもな用途
SKS 11	1.25 C-0.35 Cr-3.5 W-0.2 V	バイト，冷間引抜ダイス，センタドリル
SKS 2	1.05 C-0.75 Cr-1.25 W	タップ，ドリル，カッタ，プレス型ねじ切ダイス
SKS 21	1.05 C-0.35 Cr-0.75 W-0.175 V	
SKS 5	0.8 C-1 Ni-0.35 Cr	丸のこ，帯のこ
SKS 51	0.8 C-1.65 Ni-0.35 Cr	
SKS 7	1.15 C-0.35 Cr-2.25 W	ハクソー
SKS 81	1.2 C-0.35 Cr	替刃，刃物，ハクソー
SKS 8	1.4 C-0.35 Cr	刃やすり，組やすり

表 2.26 耐衝撃工具鋼用合金鋼の組成および用途
（JIS G 4404（2021）による，組成は中央値で表示）

種類の記号	組成（残り Fe）	おもな用途
SKS 4	0.5 C–0.75 Cr–0.75 W	たがね，ポンチ，シャー刃
SKS 41	0.4 C–1.25 Cr–3 W	
SKS 43	1.05 C–0.2 Si–0.25 Mn–0.15 V	さく岩機用ピストン，ヘッディングダイス
SKS 44	0.85 C–0.175 V	たがね，ヘッディングダイス

表 2.27 冷間金型用合金鋼の組成および用途
（JIS G 4404（2021）による，組成は中央値で表示）

種類の記号	組成（残り Fe）	おもな用途
SKS 3	0.95 C–1.05 Mn–0.75 Cr–0.75 W	ゲージ，シャー刃，プレス型，ねじ切ダイス
SKS 31	1 C–1.05 Mn–1 Cr–1.25 W	ゲージ，プレス型，ねじ切ダイス
SKS 93	1.05 C–0.95 Mn–0.4 Cr	シャー刃，ゲージ，プレス型
SKS 94	0.95 C–0.95 Mn–0.4 Cr	
SKS 95	0.85 C–0.95 Mn–0.4 Cr	
SKD 1	1.7 C–0.35 Si–0.4 Mn–12 Cr	線引ダイス，プレス型，れんが型，粉末成形型
SKD 2	2.15 C–0.25 Si–0.45 Mn–12 Cr–0.7 W	
SKD 10	1.53 C–0.35 Si–0.4 Mn–12 Cr–0.85 Mo–0.85 V	ゲージ，ねじ転造ダイス，金属刃物，ホーミングロール，プレス型
SKD 11	1.5 C–12 Cr–1 Mo–0.35 V	
SKD 12	1 C–0.25 Si–0.6 Mn–5.15 Cr–1.05 Mo–0.25 V	

表 2.28 熱間金型用合金鋼の組成および用途
（JIS G 4404（2021）による，組成は中央値で表示）

種類の記号	組成（残り Fe）	おもな用途
SKD 4	0.3 C–2.5 Cr–5.5 W–0.4 V	プレス型，ダイカスト型，押出工具，シャー刃
SKD 5	0.3 C–0.25 Si–0.3 Mn–2.85 Cr–9 W–0.4 V	
SKD 6	0.37 C–1 Si–5 Cr–1.25Mo–0.4V	
SKD 61	0.39 C–1 Si–0.38 Mn–5.15 Cr–1.25 Mo–0.98 V	
SKD 62	0.36 C–1 Si–0.35 Mn–5.13 Cr–1.3 Mo–1.3 W–0.35 V	プレス型，押出工具
SKD 7	0.32 C–0.25 Si–0.3 Mn–2.95 Cr–2.75 Mo–0.55 V	
SKD 8	0.4 C–0.33 Si–0.35 Mn–4.35 Cr–0.4 Mo–4.15 W–1.9 V–4.25 Co	プレス型，ダイカスト型，押出工具
SKT 3	0.55 C–0.8 Mn–0.43 Ni–1.05 Cr–0.4 Mo	鍛造型，プレス型，押出工具
SKT 4	0.55 C–0.25 Si–0.75 Mn–1.65 Ni–1 Cr–0.45 Mo–0.1 V	
SKT 6	0.45 C–0.25 Si–0.35 Mn–4.05 Ni–1.35 Cr–0.25 Mo	

　冷間金型用合金工具には二つの系統がある。**Four-One** と呼ばれる SKS 3 は，約 1% C，0.5 ～ 1.0% Cr および同程度の W および Mn を含み，油冷で焼きが入るから変形が少ない。Cr，W を含んだ炭化物の存在により耐摩性も高い。ゲージ，抜型などに用いる。このため**耐摩不変形鋼**とも呼ばれている。また，**ダイス鋼**と呼ばれている約 2% 前後の C，約 13% 前後の Cr を含むものは，Cr 含有量が多いから空冷で焼入れ硬化するので，焼入れひずみが特に小さいうえに，焼入れた状態で Cr の炭化物がマルテンサイトと共存し，そのため耐摩耗性がよい。

　型鍛造や熱間プレスで使う型材やダイカスト用型材などは，型のへたりまたは摩耗と割れに対して抵抗力の強いこと，および高温度で使われるため，加熱冷却の繰返しによる表面のひび割れ（**ヒートチェック**）の生じないことが必要である。

2.6.2　焼結超硬工具

　粉末冶金法により，主成分の W が結合剤の C，Ti，Ta，Co と，**焼結**（sintering）して造られる超高硬度の合金と，金属の粉末を結合材としてセラミック材料を焼結した複合体のサーメットがある。

　〔1〕　超硬合金工具　　切削工具用がほとんどで，その他耐摩耗工具，耐衝撃工具にも使われ，最近は TiC サーメット系も同様に使われ始めている。高温における硬さが低下せず，非常に高速で切削できる。しかし，もろいのが欠点である。選択にあたって

1)　P 系列は高温耐摩耗性（耐クレータ性）がよいので，連続した切り屑の出る材料の切削に有利であり，仕上面もよい。

2)　M 系列は粘り強さがあることから，刃先に切削抵抗が集中するような断続形，もしくは連続した切り屑の出る材料に有利である。

3)　K 系列は耐すきとり摩耗性（耐フランク摩耗）がよく，刃先の摩耗後退が少ないため，断続した切り屑の出る硬い材料に有利である。

　JIS 使用分類番号については，数字が大きくなると大きな送りで使用するこ

とができ，小さくなると速い切削速度で使用することができる。

〔2〕 **サーメット**（cermet）　　ceramic metal の略語で，金属の粉末を結合材として，2 000 ～ 3 500℃の高融点のセラミック材料（酸化物，炭化物，ホウ化物，ケイ化物）を焼結した複合体である。その特徴は高融点で，高温耐酸化性，耐食性，高温強さ，耐クリープ性などに優れ，高熱伝導性，低熱膨張係数，急熱急冷に安定で比重が小さいなどである。

TiC 基，Cr_3C_2 基，Al_2O_3 基などのサーメットがある。なかでも TiC 基サーメットは，Ni を結合剤として焼き固めたものであり，WC 系超合金に比較して靭性は劣るが，硬さや耐熱性に優れ，加工工具用に適している。特に耐溶着性に優れている。そのため，耐クレータ性もよくなるので切削速度をかなり速くすることができる。靭性を補う点から，TaC，WC，Co などの添加や TiN 系のサーメットが開発されている。

2.7 耐 食 材 料

　金属材料の多くは，酸化物の形で鉱物としてあったものを無理に還元して実用金属に造られている。そのため長期にわたって使用していると，元の状態であった酸化物に戻るという現象が起きる。これをさびる（腐食）といっている。そのためにさびない合金への改良，さびないための表面処理，さびない構造の設計，さびない環境への修正などが行われている。

　金属材料のなかでも鉄鋼は，構造物用材料として大量に使われている。さびにくい鉄鋼材料を製造することが待ち望まれていた。鋼の化学的性質である耐腐食性（耐食性），耐酸化性といったものは，主として合金元素の含有量に左右される。一般に Fe に Cr を合金すると耐食性が向上する。さびにくい Cr 工具鋼に着目して開発されてきたのが**ステンレス鋼**と呼ばれ，「さびない鋼」という意味を持つ。ステンレス鋼は，耐食材料および耐熱材料として使用される。

　電気化学的な理論に基づいて，鉄鋼材料の表面を非鉄金属などで被覆して防

食することも行われている。この節では，ステンレス鋼の特性をおもに学び，金属の腐食および防食について理解を深めていくことを目標とする。

2.7.1　ステンレス鋼

Fe は常温から 911℃ までは**フェライト**（α-Fe）と呼ばれ，体心立方晶の結晶構造を持つ。911～1 392℃ の間では**オーステナイト**（γ-Fe）と呼ばれる面心立方晶の結晶構造に変わる。Cr，Si，Al，Mo，V，Ti，W，Nb など大部分の合金元素は，オーステナイトの温度領域を狭め，フェライト鋼を形成する。

Ni を多量に含むとオーステナイト領域が広がり，常温でもその組織が得られる。Mn，C，N などもこのオーステナイトの温度領域を広げる作用をする。**図 2.50** に Fe-Cr 系平衡状態図を示す。

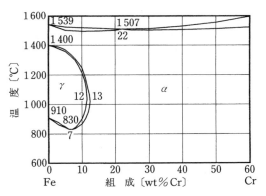

図 2.50　Fe-Cr 系平衡状態図（長崎誠三：金属臨時増刊号　実用二元合金状態図集，アグネ（1992））

通常のオーステナイト組織は高温でのみ安定である。その鋼を急冷すると，組織はマルテンサイトになる。

鋼の耐食性は，Cr％ が増すとしだいに耐食性はよくなり，約 13％ Cr 以上ではほとんど腐食されなくなる。このとき鋼の表面に Cr の酸化皮膜ができ，この皮膜が酸素をさえぎる保護作用（**不働態化**）をするためである。

酸化性の酸（硝酸）は酸化皮膜を形成する作用があるが，非酸化性の酸（硫

酸，塩酸）はこの酸化皮膜を壊す作用を持つ。**図2.51** に示すように，硝酸には耐えるが，硫酸，塩酸にはかえって腐食しやすくなる。そのために Ni や Cr に少量の Mo や Cu などを添加した Fe-Cr-Ni タイプの合金が使われる。

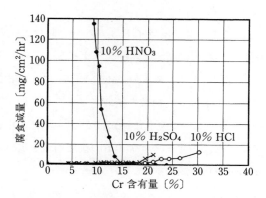

図2.51 ステンレス鋼の Cr 含有量と耐薬品性
（門間：大学基礎　機械材料，p.108，実教
出版（1978））

〔**1**〕　**ステンレス鋼の分類**　　ステンレス鋼（SUS：steel use stainless）はその組成から Cr 系と Cr-Ni 系の二つに大別される。Cr 系ステンレス鋼はその Cr の含有量によって 13% Cr 系のマルテンサイト系，18% Cr 系のフェライト系とに分けられる。

　Cr-Ni 系には，オーステナイト系と**析出硬化**（precipitation hardening）によって強化された PH ステンレス鋼とがある。これは**時効処理**（aging）により添加された合金元素（Cu，Al，Ti，Nb）の金属間化合物を，マルテンサイト組織中に析出することによって強化したものである。また，常温でフェライト，オーステナイトの二相が共存した**二相ステンレス鋼**と呼ばれるものもある。

〔**2**〕　**フェライト系ステンレス鋼**（高 Cr 系）　　JIS G 4305 に規定されているフェライト系ステンレス鋼の 15 鋼種について，概略組成，性質と用途をまとめたものを**表2.29**に示す。そのなかでは，約 18％の Cr を含有する SUS 430 が基本になっている。

〔**3**〕　**マルテンサイト系ステンレス鋼**（低 Cr 系）　　JIS G 4305 に規定され

表 *2.29*　冷間圧延フェライト系ステンレス鋼の種類の記号（JIS G 4305（2021）による），概略組成，性質とおもな用途（JIS G 4308（2012）付表による）

種類の記号	概略組成	性質とおもな用途
SUS 405	13 Cr-Al	高温からの冷却で著しい硬化を生じない タービン，焼入材，焼入用部品，クラッド材
SUS 410 L	13 Cr-低 C	410 S より C を低くし，溶接部曲げ性，加工性，耐高温酸化性に優れる。自動車排ガス処理装置，ボイラ燃焼室など
SUS 429	16 Cr	430 の溶接性改良種類
SUS 430	18 Cr	耐食性の優れた汎用種類 建築内装用，オイルバーナ部品，家庭用器具，家電部品
SUS 430 LX	18 Cr-Ti または Nb-低 C	430 に Ti または Nb を添加，C を低下し，加工性，溶接性改良。温水タンク，衛生器具，自転車リムなど
SUS 430 J 1 L	18 Cr-0.5 Cu-Nb-極低（C，N）	430 に Cu, Nb を添加，極低 C，N とし，耐食性，成形性，溶接性を改善。自動車の外装材，排ガス材など
SUS 434	18 Cr-1 Mo	430 の改良鋼の一種 430 より塩分に対して強く，自動車外装用として使用
SUS 436 L	18 Cr-1 Mo-Ti, Nb, Zr-極低（C，N）	434 の C，N を低下し，Ti，Nb，Zr を単独または複合添加。加工性，溶接性を改良。建築内外装，車両部品など
SUS 436 J 1 L	19 Cr-0.5 Mo-Nb-極低（C，N）	430 に Mo, Cu, Nb を添加，極低 C，N とし，耐食性，成形性，溶接性を改善。厨房機器，建築内外装材など
SUS 443 J 1	22 Cr-0.5 Cu-Nb-極低（C，N）	
SUS 444	19 Cr-2 Mo-Ti, Nb, Zr-極低（C，N）	436 L より Mo を多くし，さらに耐食性を高めた 貯湯槽，貯水槽，太陽熱温水器，熱交換器，食品機器など
SUS 445 J 1	23 Cr-1 Mo	
SUS 445 J 2	23 Cr-1.5 Mo	
SUS 447 J 1	30 Cr-2 Mo-極低（C，N）	高 Cr-Mo で C，N を極度に低下し，耐食性に優れる。酢酸などの有機酸関係プラント，苛性ソーダ製造プラントなど
SUSXM 27	26 Cr-1 Mo-極低（C，N）	447 J 1 に類似の性質，用途

ているマルテンサイト系ステンレス鋼の 6 鋼種について，概略組成，性質と用途をまとめたものを**表 2.30** に示す。代表鋼種は，約 13 % の Cr を含有する SUS 410 である。この鋼種の特徴は，ステンレス鋼の中で最も低い Cr 含有鋼である。ステンレス鋼として耐食性を少し犠牲にしても，硬さを必要とする刃物に使うためのものである。

表2.30　冷間圧延マルテンサイト系ステンレス鋼の種類の記号（JIS G 4305（2021）による），概略組成，性質とおもな用途（JIS G 4308（2012）付表による）

種類の記号	概略組成	性質とおもな用途
SUS 403	13 Cr-低 Si	タービンブレードおよび高応力部品として良好なステンレス鋼・耐熱鋼
SUS 410	13 Cr	良好な耐食性，機械加工性をもつ。一般用途用，刃物類
SUS 410 S	13 Cr-0.08 C	410 の耐食性，成形性を向上させた種類
SUS 420 J 1	13 Cr-0.2 C	焼入れ状態で硬さが高く，13 Cr より耐食性が良好　タービンブレード
SUS 420 J 2	13 Cr-0.3 C	420 J 1 より焼入れ後の硬さが高い種類　刃物，ノズル，弁座，バルブ，直尺など
SUS 440 A	18 Cr-0.7 C	焼入れ硬化性に優れ，硬く，靭性が大きい　刃物，ゲージ，ベアリング

〔4〕　オーステナイト系ステンレス鋼（Cr-Ni 系）　　JIS G 4305 に規定されているオーステナイト系ステンレス鋼の 36 鋼種について，概略組成，性質と用途をまとめたものを**表2.31**に示す。基本は SUS 304 で，18-8 ステンレス鋼と呼ばれている。高価な Ni をできるだけ少なくして，常温でオーステナイト（γ 相）が安定に得られるように，約 18% Cr，8% Ni の組成の鋼種である。

表2.31　冷間圧延オーステナイト系ステンレス鋼の種類の記号（JIS G 4305（2021）による），概略組成，性質とおもな用途（JIS G 4308（2012）付表による）

種類の記号	概略組成	性質とおもな用途
SUS 301	17 Cr-7 Ni	冷間加工によって高強度を得られる　鉄道車両，ベルトコンベヤ，ボルト，ナット，ばね
SUS 301 L	17 Cr-7 Ni-低 C-N	301 の低炭素鋼で，耐粒界腐食性，溶接性に優れる。鉄道車両など
SUS 301 J 1	17 Cr-7.5 Ni-0.1C	304 よりストレッチ加工および曲げ加工性に優れ，加工硬度は 304 と 301 との中間。ばね，厨房用品，器物など
SUS 302 B	18 Cr-8 Ni-2.5 Si-0.1 C	302 より耐酸化性に優れ，900℃以下では 310 S と同等な耐酸化性および強度をもつ。自動車排ガス浄化装置など
SUS 304	18 Cr-8 Ni	ステンレス鋼・耐熱鋼として最も広く使用　食品設備，一般化学設備，原子力用
SUS 304 Cu	18 Cr-8 Ni-0.7 Cu	304 に銅を添加したもの

表2.31　つづき

種類の記号	概略組成	性質とおもな用途
SUS 304 L	18 Cr-9 Ni-低 C	304 の極低炭素鋼，耐粒界腐食性に優れ，溶接後熱処理できない部品類
SUS 304 N 1	18 Cr-8 Ni-N	304 に N を添加し，延性の低下を抑えながら強度を高め，材料の厚さ減少の効果がある。構造用強度部材
SUS 304 N 2	18 Cr-8 Ni-N-Nb	304 に N および Nb を添加し，同上の特性をもたせた用途は 304 N 1 と同じ
SUS 304 LN	18 Cr-8 Ni-低 C	304 L に N を添加し，同上の特性をもたせた用途は 304 N 1 に準じるが，耐粒界腐食性に優れる
SUS 304 J 1	17 Cr-7 Ni-2 Cu	304 の Ni を低め，Cu を添加。冷間成形性，特に深絞り性に優れる。シンク，温水タンクなど
SUS 304 J 2	17 Cr-7 Ni-4 Mn-2 Cu	304 より深絞り性に優れる風呂がま，ドアノブなど
SUS 305	18 Cr-12 Ni-0.1 C	304 に比べ，加工硬化性が低いへら絞り，特殊引抜き，冷間圧造用
SUS 309 S	22 Cr-12 Ni	耐食性が 304 より優れているが，実際は耐熱鋼として使われることが多い
SUS 310 S	25 Cr-20 Ni	耐酸化性が 309 S より優れており，実際は耐熱鋼として使われることが多い
SUS 312 L	19 Cr-18 Ni-6 Mo-Cu-N	
SUS 315 J 1	17 Cr-9 Ni-Si-Mo-Cu	
SUS 315 J 2	17 Cr-11 Ni-3 Si-Mo-Cu	
SUS 316	18 Cr-12 Ni-2.5 Mo	海水をはじめ，各種媒質に 304 より優れた耐食性がある。耐孔食材料
SUS 316 L	18 Cr-12 Ni-2.5 Mo-低 C	316 の極低炭素鋼，316 の性質に耐粒界腐食性をもたせたもの
SUS 316 N	18 Cr-12 Ni-2.5 Mo-N	316 に N を添加し，延性の低下を抑えながら強度を高め，材料の厚さ減少効果がある耐食性の優れた強度部材
SUS 316 LN	18 Cr-12 Ni-2.5 Mo-N-低 C	316 L に N を添加し，同上の特性をもたせた。用途は 316 N に準ずる。耐粒界腐食性に優れる
SUS 316 Ti	18 Cr-12 Ni-2.5 Mo-Ti	316 に Ti を添加して耐粒界腐食性を改善
SUS 316 J 1	18 Cr-12 Ni-2 Mo-2 Cu	耐食性，耐孔食性が 316 より優れている耐硫酸用材料
SUS 316 J 1 L	18 Cr-12 Ni-2 Mo-2 Cu-低 C	316 J 1 の極低炭素鋼，316 J 1 に耐粒界腐食性をもたせたもの
SUS 317	18 Cr-12 Ni-3.5 Mo	耐孔食性が 316 より優れている。染色設備材料など

表 2.31 つづき

種類の記号	概略組成	性質とおもな用途
SUS 317 L	18 Cr–12 Ni–3.5 Mo–低 C	317 の極低炭素鋼。317 に耐粒界腐食性をもたせたもの
SUS 317 LN	18 Cr–13 Ni–3.5 Mo–N–低 C	317 L に N を添加，高強度かつ高耐食性をもつ 各種タンク，容器など
SUS 317 J 1	18 Cr–16 Ni–5 Mo	塩素イオンを含む液を取り扱う熱交換器，酢酸プラント，りん酸プラントなど，316 L，317 L が耐えない環境用
SUS 317 J 2	25 Cr–14 Ni–1 Mo–0.3 N	317 に対し，高 Cr，低 Mo とし，N を添加 高強度かつ耐食性に優れる
SUS 836 L	22 Cr–25 Ni–6 Mo–0.2 N–低 C	317 L より耐孔食性が優れ，パルプ製紙工業，海水熱交換器など
SUS 890 L	21 Cr–24.5 Ni–4.5 Mo–1.5 Cu–極低 C	耐海水性に優れ，各種海水使用機器などに使用
SUS 321	18 Cr–9 Ni–Ti	Ti を添加し，耐粒界腐食性を高めたもの 装飾部品には推奨できない
SUS 347	18 Cr–9 Ni–Nb	Nb を含み，耐粒界腐食性を高めたもの
SUSXM 7	18 Cr–9 Ni–3.5 Cu	304 に Cu を添加して冷間加工性の向上を図った鋼種，冷間圧造用
SUSXM 15 J 1	18 Cr–13 Ni–4 Si	304 の Ni を増し，Si を添加し，耐応力腐食割れ性を向上。塩素イオンを含む環境用

図 2.52 に走査型電子顕微鏡で写真撮影した SUS 304 の組織を示す。平行線は双晶である。また，黒点は介在物である。

図 2.52 SUS 304 固溶化組織（走査型電子顕微鏡による写真撮影）

〔5〕 **二相ステンレス鋼** オーステナイトとフェライトがそれぞれ数十％ずつ含まれ，全体として 100％となっている鋼を**二相ステンレス鋼**と呼んでいる。

　JIS G 4305 に規定されているオーステナイト・フェライト系ステンレス鋼の3鋼種について，概略組成，性質と用途をまとめたものを**表2.32**に示す。

表2.32　冷間圧延二相ステンレス鋼の種類の記号（JIS G 4305（2021）による），概略組成，性質とおもな用途（JIS G 4308（2012）付表による）

種類の記号	概略組成	性質とおもな用途
SUS 329 J 1	25 Cr-4.5 Ni-2 Mo	二相組織をもち，耐酸性，耐孔食性に優れ，かつ高強度をもつ。排煙脱硫装置など
SUS 329 J 3 L	22 Cr-5 Ni-3 Mo-N-低 C	硫化水素，炭酸ガス，塩化物などを含む環境に抵抗性がある。油井管，ケミカルタンカー用材，各種化学装置など
SUS 329 J 4 L	25 Cr-6 Ni-3 Mo-N-低 C	海水など，高濃度塩化物環境において，優れた耐孔食性，耐 SCC 性がある。海水熱交換器，製塩プラントなど

　〔6〕　**析出硬化型ステンレス鋼**　　高度の機械的性質を持ち，さらにきびしい腐食環境にも耐える材料が**強力ステンレス鋼**（析出硬化型ステンレス鋼）である。これはステンレス鋼の素地をマルテンサイト組織にし，そのなかに Cu，Al，Ti などの金属間化合物を析出・分散させて，その時効硬化によって鋼の強さを高めたものである。

　JIS G 4305 に規定されているマルテンサイト系 17-4 PH ステンレス鋼と，オーステナイト系 17-8 PH ステンレス鋼について，概略組成，性質と用途をまとめたものを**表2.33**に示す。**図2.53**に走査型電子顕微鏡で写真撮影した SUS 631 の組織を示す。地はマルテンサイト，細長い粒はフェライト，微細粒は Ni-Al 系析出物，黒点は介在物を表す。

表2.33　冷間圧延析出硬化系ステンレス鋼の種類の記号（JIS G 4305（2021）による），概略組成，性質とおもな用途（JIS G 4308（2012）付表による）

種類の記号	概略組成	性質とおもな用途
SUS 630	17 Cr-4 Ni-4 Cu-Nb	Cu の添加で析出硬化性をもたせた種類。シャフト類，タービン部品，積層板の押板，スチールベルト
SUS 631	17 Cr-8 Ni-1 Al	Al の添加で析出硬化性をもたせた種類 スプリング，ワッシャー，計器部品

　〔7〕　**ステンレス鋼の劣化**　　ステンレス鋼の耐食性が低下することをステンレス鋼の劣化という。

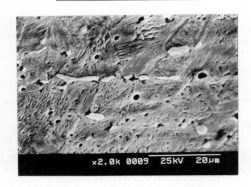

図 2.53　SUS 631 析出硬化処理組織（走査型電子顕微鏡による写真撮影）

　Cr 系ステンレス鋼を溶接して使用する場合には，溶接部腐食を考えなければならない。特に 600 ～ 800℃に加熱される溶接熱影響部に局部的な腐食が起きる。鋼には必ず C が含有されており，高温に加熱されると，粒界などで拡散された C が固溶された Cr と反応して，Cr の炭化物が析出される。このため粒界近辺では固溶された Cr が 12%以下になり（Cr の欠乏層ができるという），そこでは酸化クロムの保護皮膜がなくなって使用中に腐食される。この現象を**粒界腐食**（inter granular corrosion）という。腐食が進めばその部分に割れが生じる。対策としては，C が Cr よりも Ti や Nb と反応しやすい性質を利用する。粒界近辺の C が，添加された Ti や Nb と反応することで Cr の欠乏層がなくなり，ステンレス鋼を安定化させることができる。

　局部腐食としての**孔食**（pitting）という腐食現象にも注意を要する。

　フェライト系ステンレス鋼には二つの脆化という問題点がある。一つは**475℃脆化**といわれるもので，450 ～ 550℃に長時間加熱後冷却すると著しくもろくなり耐食性も低下する。もう一つは**σ相脆化**といわれるもので，700 ～ 800℃の高温に長時間加熱すると σ 相が析出されもろくなる。

　塩素イオンやアンモニア，ポリチオン酸などを含む環境で，オーステナイト系ステンレス鋼に引張応力が作用し続けると，見た目にはほとんど腐食されていないが，急に割れを起こし事故につながることがある。この現象を**応力腐食割れ**（SCC：stress corrosion cracking）という。これを防ぐには，環境の是正や引張応力の削減が考えられる。合金元素として 1%程度の Cu を添加したり，

Ni％を多くするなどの他に，表面に圧縮応力を与えるショットピーニングによって引張応力をキャンセルすることも有効である。

〔**8**〕　**スーパーステンレス鋼**　　Cr，Mo，Cu を多く添加したステンレス鋼が，苛酷な腐食環境の化学プラント用材料として使用されてきた。しかし，さらにきびしい環境になると，高 Cr，高 Mo 含有の Ni 基超合金であるインコネル 625，ハステロイ系合金などがステンレス鋼に代わって用いられてきた。このステンレス鋼と Ni 基超合金の中間に属するステンレス鋼を**スーパーステンレス鋼**と呼ぶ。SUS 447 J 1 および SUSXM 27 は**スーパーフェライトステンレス鋼**と呼ばれている。

海水のような多量の塩化物を含む環境で優れた耐食性を有し，Cr≧20 wt％，Mo≧5 wt％，さらに N≧0.15 wt％を含むステンレス鋼を**スーパーオーステナイトステンレス鋼**という。

スーパーオーステナイトステンレス鋼の特性は，耐局部腐食性に優れていることである。Cr，Mo および N によって，耐孔食性や耐隙間腐食性が改善され，耐応力腐食割れ性にも強くなっている。完全オーステナイト組織であるために溶接性は悪くなっているので，P，S，Si をできるだけ少なくして，溶接割れ感受性を低くしている。溶接方法は TIG，MIG，ガスアーク，シーム，サブマージアーク溶接などすべてが適用できる。ただし，母材と同等の耐食性を維持するため，溶加金属としてインコネル 625 やハステロイ系の Ni 基超合金を用いなければならない。

Cr，Mo を多量に含有するため，高温（800 ～ 900℃）ではこれらの金属間化合物を析出し，耐食性改善に有効な Cr，Mo が欠乏する結果となり，耐食性が劣化する。これらの相が多量析出すると，靭性が失われて機械的性質も劣化する。

2.7.2　**表面処理鋼板**

電気化学的な理論に基づく被覆によって鉄鋼の防食を図る方法として，めっき，各種コーティング等がある。

〔**1**〕　**溶融亜鉛めっき鋼板**（galvanized steel sheet）　　一般に**トタン板**と呼ばれる。Fe-Zn 合金層は加工性が悪いので，この合金層の生成を抑制するよう工夫されている。めっきの付着量の調整はロール法，またはガスワイピング法によって行われる。ガスワイピング法を用いる場合，両面の差厚めっきが可能である。めっき面への塗装を考えるとき，花模様（スパングル）の少ないほうが密着性や仕上がりの点でよい。最後の仕上げは，クロム酸処理やリン酸塩処理などによって白さびの発生を防止することである。

〔**2**〕　**電気めっきブリキ板**（tin plate）　　金属 Sn を＋極，鋼板を－極にし，電解で板上に Sn を析出させたものである。この電着したままの Sn は微粒子状であるので，融着させることによって Fe-Sn 合金層を形成する。Sn に犠牲防食能がないので，缶材としたとき缶外面（空気中）では傷つくとそこから腐食が進む。この点が亜鉛めっき鋼板と異なる。溶融めっきに比べて電気めっきは膜厚を薄くできることと，両面差厚めっきができる利点がある。

〔**3**〕　**溶融鉛めっき鋼板**（terne sheet）　　ガソリンタンク，石油ストーブタンク，テレビ・ラジオのシャーシ，それに化学工場の屋根板に使われるのは**ターンシート**と呼ばれるものである。Pb だけでは Fe と合金を造らないので，十分な防錆皮膜が得られないが，Sn を 10 ～ 25％添加することによって鋼板と密着性のよい防錆皮膜が作られる。プレス成形加工では Pb が潤滑効果を持っているので加工性がよい。また，はんだによる接着も十分できる。しかし低融点金属を使っているうえで，耐熱性が弱いという欠点がある。

〔**4**〕　**被 覆 鋼 板**　　金属めっき以外の金属による被覆の方法としては，拡散浸透法（**セメンテーション**）がある。浸透させる金属には，Zn（**シェラダイジング**という），Al（**カロダイジング**という），Cr（**クロマイジング**という），Si（**シリコナイジング**という）などがある。また，現場作業に適し，完成した大型製品，構造物に用いられる金属溶射としては Pb，Sn，Zn の他に W，Mo などの被覆も行われる。

〔**5**〕　**非金属材料の被覆**　　非金属材料の被覆による防食法としては，プラスチックの塗装や鉄器表面に溶融焼付けした 2 層のガラス質を被覆した**ホウ**

ロウなどがある。セラミックコーティングに，硬さや耐熱性など多くの利点が
あるが，衝撃には弱いので取り扱いに注意がいる。

2.7.3 防 食 設 計

種々の環境下での金属の腐食に対して多くの防食法が考えられ，実施されて
いる。電気化学的腐食の形態や機械的因子によって影響される腐食形態の特徴
をとらえることが必要である。なかでも電池作用による腐食は，湿食の場合に
特に重要である。防食設計には，金属の改良による方法，防食被覆や形状の簡
略化などの構造設計による方法，腐食環境の修正による方法，腐食電位の変化
による方法等が取り入れられている。

〔**1**〕 **金属を改良することによる耐食性の向上**

1）　ステンレス鋼における Cr（少なくとも 12%），Ni および Mo を増量す
　　　ることで不働態化を進める。

2）　ステンレス鋼における Cu，Ag，Pd，Pt や，Ti 中における Pd，Pt や，
　　　Zr 中における Pt，Ag や，Al 中における Ni などの成分を添加することに
　　　よって，電気化学におけるカソードとして作用し，不働態化を容易にする。

3）　オーステナイト系ステンレス鋼中の Ti，Nb，Ta や，鋼中の S を固定
　　　する Mn，Cu や，Al 中の Fe および Si を固定する Mg，Mn などの固定成
　　　分を添加する。

4）　耐熱鋼中の Cr，Al および Si や，鋼の耐酸化性をよくする Al，Be，Mg
　　　などの酸化物を形成する成分を添加する。

5）　Ni 中の Li や，Zn 中の Al などの成分を添加して，酸化物の格子欠陥を
　　　少なくすることにより，性質の改善を行う。

6）　黄銅中に As あるいは Sb などの成分を添加して，脱亜鉛現象を防ぐ。

7）　種々の鋼からの S，P や，ステンレス鋼中の C，Al 中の Fe，Si，Cu な
　　　どの成分含有量の低減を図る。

〔**2**〕 **設計上による耐食性の向上**　　設計上による耐食性の向上には，つ
ぎのような対策がとられている。

1）　形状の簡略化をすること。

2）　残留湿気の除去をできるようにすること。

3）　継ぎ手や接合部の工夫をすること。

4）　防食被覆による寸法変化に対する許容寸法をとること。

5）　異種材料を併用する際の電池作用が生じない工夫をすること。

〔*3*〕　**電気化学的な耐食性の向上**　　湿った環境中での金属の腐食は，電気化学的には金属の溶解とみなしうる。この溶解を防止あるいは減少させるために，その電位を負のほうに変えるのが**カソード防食**で，正のほうに変えるのが**アノード防食**である。カソード防食のほうがはるかに重要である。

1）　**カソード防食**　　鉄鋼の防食用の犠牲アノードとしては，Mg，Zn，Al等のプレートが用いられる。船体，油槽船のタンク，海洋構造物，土中に埋設される鋳鉄，鋼のガス，油，水の配管，鉛被覆の電気ケーブル，燃料タンクに有効である。アノードは湿った土壌中にいつもあるように十分に深く埋めなければならない。

　また，腐食対象物に外部電源（整流器）から直流を供給して，対象物を電解系のカソードとすることによって対象物の腐食を防護する。この場合の補助アノードは普通不溶性のもの（Pt，Pb，C，Ni）が用いられる。

2）　**アノード防食**　　よりイオン化傾向の小さい金属で合金化してアノード防食をする例として，ステンレス鋼の場合には 0.1% Pd あるいは 1% Cu を加え合金にすれば硫酸溶液中の腐食速度を強く抑制する効果がある。これはまた塩化物溶液中での孔食に対する敏感性を少なくさせる。

2.8 耐 熱 金 属 材 料

　設備や機械は高温，高圧の条件で稼働することが性能および能率アップを図ることになる。そのために使われる材料には，高温強度に耐える特性が強く要求される。一般に耐熱材料として使われる材料に備えていなければならない条件は，常温で使用される場合よりきびしく，つぎのような特性が要求される。

1) 耐高温酸化性が優れていること。

2) 高温強度，クリープ強さが優れていること。

3) 軟化点が高いこと。

4) 繰返し急熱・急冷による熱衝撃に耐えること。

5) 熱間・冷間加工性，溶接性，鋳造性などがよいこと。

などである。

　この節では，高温用材料について理解を深めることを目標とする。

2.8.1 高 温 酸 化

　金属の温度が高くなるにつれて酸化反応は活発になってくる。高温で使用される金属材料の酸化は，**アウレニウスの法則**に従いつぎのように表される。

$$k = A \exp(-Q/RT)$$

ここで k は酸化の速度定数である。A と R とは定数，Q は活性化エネルギー，T は絶対温度である。このように酸化速度は，温度とともに指数関数的に増加する。

　鉄鋼が酸化される場合は，できた酸化物層を通して酸素が拡散浸透して，酸化物層下の鉄鋼の酸化を進める。したがって，酸化が進行しないためには，内部への酸素の移動を妨げるように，表面にできた酸化物層が緻密で割れなどを生ずることなくよく密着していることが重要である。鉄鋼の表面にこのような性質を持った保護性の酸化物層を造らせるためには，Fe よりも酸化しやすい金属を合金させるとよい。Cr，Al，Si は鉄鋼の高温耐酸化性を向上させる有効な元素である。

　金属表面に付着した溶融塩によって雰囲気の酸素が十分拡散し，金属を酸化するとともに保護皮膜の酸化物層もこの溶融塩によって多孔質体にされ，保護性を失うようになる。この現象を**加速酸化**という。例えば，ボイラやタービンに用いられている Cr 量の高い耐熱鋼が微量のバナジウムを含む重油の燃焼ガスに弱い理由は，重油の灰分中に含まれる V_2O_5 がこの耐熱鋼の表面に付着堆積し，融点 850℃ の複酸化物 $V_2O_5 \cdot Cr_2O_3$ を作るからである。このような加速

酸化を特に**バナジウムアタック**（vanadium attack）といっている。これに類
するものとしては，**硫化腐食**（sulfidation attack）などがある。

2.8.2 クリープ現象

　材料が高温で荷重をかけられたとき，常温の引張試験や圧縮試験において塑
性降伏を起こす応力よりも低い応力下でも永久ひずみを生じる。

　固体に一定な荷重を負荷し続けると，時間の経過とともに変形が進んでいく
現象を**クリープ**（creep）という。試験片に一定荷重を負荷した時間を横軸に
とり，その変形量を縦軸に示す曲線を**クリープ曲線**（creep curve）といい，
図2.54に示す三つの段階に分けられる。荷重をかけると同時に弾性変形し，
やがてひずみ硬化によりひずみ速度が減少する過程を**遷移クリープ**という。

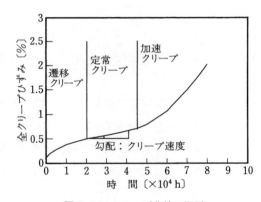

図2.54　クリープ曲線の概要

　負荷時間に比例してひずみが増加し，ひずみ硬化と組織の回復による軟化が
つり合う過程を**定常クリープ**という。

　一定温度 T における定常クリープ速度 $\dot{\varepsilon}$ と初期応力 σ との両対数グラフを
作り，グラフの勾配を n としたとき

$$\dot{\varepsilon} = B\sigma^n$$

で表される。ここで n はクリープ指数で $3 \sim 8$ 程度の値をとる。これが**指数
則クリープ**と呼ばれるものである。

また，$\dot{\varepsilon}$ の $\ln\dot{\varepsilon}$ を絶対温度表示の $1/T$ との片対数グラフを作り，グラフの勾配を $-Q/R$ としたとき

$$\dot{\varepsilon} = C\exp(-Q/RT)$$

で表される。ここで Q は**クリープの活性化エネルギー**という。高温では原子の運動が容易になるので，変形量はしだいに大きくなり，ついには破断に至る。クリープ速度が時間とともに増加し，材料内部に空洞を発生し，空洞の成長合体から破断に至る過程を**加速クリープ**という。

高温材料の選定においては定常クリープが重要である。材料設計でのクリープ強さとは，$10^{-3}\%/\mathrm{h}$，$10^{-4}\%/\mathrm{h}$，$10^{-5}\%/\mathrm{h}$ などのクリープひずみ速度を生じる応力をいう。

クリープ破断試験では，クリープにより破断した時間だけを測定する。この結果を種々の負荷応力に対してその破断時間の両対数グラフで表し，規定の時間（普通 $10^3\,\mathrm{h}$，$10^4\,\mathrm{h}$，$10^5\,\mathrm{h}$ などを使う）で破断を生じる応力を求めて，**クリープ破断強さ**（creep rupture strength）という。

2.8.3 拡 散 速 度

A 原子からなる金属 A と B 原子からなる金属 B を接触させて加熱すると，A 原子は金属 B 中へ，B 原子は金属 A 中へ移動する。これを**拡散現象**（diffusion）という。原子濃度勾配を dc/dx で表すと，単位面積，単位時間当り移動できる原子の数，すなわち拡散量 J は

$$J = -D(dc/dx)$$

で表される。この式は，**フィックの拡散第一法則**という。ここで D を拡散係数と呼び

$$D = D_0\exp(-Q/kT)$$

ここで Q は**拡散の活性化エネルギー**という。

クリープには二つの機構がある。定常クリープ速度が応力の n 乗に比例する指数則クリープ（転位クリープ）と，応力に比例する拡散クリープとがある。ともにアウレニウスの法則で表される拡散によってクリープ速度が左右さ

れる。一般に金属材料においては，$0.3 \times T_M$ を越すと拡散が活発になるので，材料のクリープも問題となる。ここで，T_M は融点である。

クリープ速度は拡散係数 D と応力 σ に比例する。合金材料は指数則クリープに耐えるように設計される。拡散速度は T/T_M によって決まるから

1）　融点の高い金属を選定すること。

2）　転位の運動を妨げる働きをする固溶量や，析出物を多くすること。

などが考慮されている。また，結晶粒が細かい材料では

1）　拡散クリープに耐えるために結晶粒を大きくし，拡散距離を長くして粒界が拡散を妨げるようにすること。

2）　粒界滑りを妨げるために，粒界に析出物を生成させること。

などが考慮されている。

2.8.4　耐　熱　鋼

耐熱材料にとって高温強さは最も必要な性質である。材質別に見ると炭素鋼，低合金鋼，オーステナイト系ステンレス鋼，耐熱鋼，超耐熱合金（超合金）の順に高温強さが高くなっている。一般に炭素鋼の使用温度は 450℃ 以下である。耐酸化性，および高温強さ向上の目的で添加された Cr，および Mo や V を含む低合金鋼の使用温度は 450 〜 600℃ である。耐熱合金鋼としては Mo，Cr-Mo，および Cr-Mo-V がおもな成分系である。なお，切削加工時の温度を考えれば，高速度工具鋼もこの温度での使用が可能といえる。

クリープ強さでの問題点は，エンジンの高温ボルトの緩みとかエンジンの弁ばねの強度低下などに支障をきたす例がある。

高温における鉄鋼の機械的性質では，クリープ強さが重要である。鉄鋼のクリープ強さを高める最も有効な元素は Mo であり，つぎに少量の Cr である。

低合金鋼は体心立方格子の結晶構造である。高温になると自己拡散係数が急増するため，クリープ強さは面心立方格子の結晶構造であるオーステナイト系ステンレス鋼のほうが強くなる。

〔1〕　フェライト系耐熱鋼　　耐酸化性向上のために最も有効な元素は Cr

である。Cr を 17%以上含み，C が 0.1%以下の鋼を**高 Cr フェライト系耐熱鋼**と呼ぶ。この鋼は $\gamma \Leftrightarrow \alpha$ 変態による組織制御ができないため，強度はマルテンサイト系やオーステナイト系耐熱鋼に比べて弱い。しかし，加熱冷却の繰り返しに対して，酸化皮膜が剥離しないという利点がある。JIS G 4312 による分類では**表 2.34** のように示される。

表 2.34 フェライト系耐熱鋼の種類の記号（JIS G 4312（2021）による），
概略組成，性質とおもな用途（JIS G 4312（2012）付表による）

種類の記号	概略組成	性質とおもな用途
SUH 21	19 Cr-3 Al-0.08 C	耐酸化性が優れた発熱材料，自動車排ガス浄化装置用材料などに使用
SUH 409	11 Cr-Ti-0.06 C	自動車排ガス浄化装置用材料，マフラーなど
SUH 409 L	11 Cr-Ti-0.03 C	SUH 409 より溶接性良，自動車排ガス浄化装置用材料
SUH 446	25 Cr-N-0.2 C	高温腐食に強く 1 082℃まで剥離しやすいスケールの発生がない。燃焼室
SUS 405-HR	13 Cr-Al-0.06 C	焼入硬化が少ない。ガスタービンコンプレッサーブレード，焼なまし箱，焼入用ラック
SUS 410 L-HR	13 Cr- 低 C	耐高温酸化性が要求される溶接用部材，自動車排ガス処理装置，ボイラ燃焼室，バーナなど
SUS 430-HR	18 Cr-0.1C	850℃以下の耐酸化用部品，放熱器，炉部品，オイルバーナ
SUS 430 J 1 L-HR	18 Cr-0.5 Cu-Nb-低 C，N	SUS 430 より耐食性良，放熱器，炉部品
SUS 436 J 1 L-HR	18 Cr-0.5 Mo-Nb-低 C，N	SUS 430 より溶接性，耐食性良，放熱器，バーナ

〔**2**〕　**マルテンサイト系耐熱鋼**　　Cr を 10%程度含む鋼を，オーステナイト領域から焼入れてマルテンサイト組織とした後，650 ～ 700℃に焼戻しをしたものである。

　Cr の添加は，おもに耐酸化性を向上させるためである。Mo，Nb，V などの添加は固溶強化と炭化物の析出分散強化を利用し，高温強度の向上を図るためである。また，Si は Cr とともに耐酸化性向上に有効な元素であり，Cr-Si 耐熱鋼も使用されている。JIS G 4312 による分類では**表 2.35** のように示される。種類の記号の末尾 "HR" は熱間圧延鋼板を意味する。

表2.35 マルテンサイト系耐熱鋼の種類の記号（JIS G 4312 (2021) による），
概略組成，性質とおもな用途（JIS G 4312 (2012) 付表による）

種類の記号	概略組成	性質とおもな用途
SUS 403-HR	13 Cr-低 Si-0.1 C	高温高応力に耐える タービンブレード，蒸気タービンノズル
SUS 410-HR	13 Cr-0.1 C	800℃以下の耐酸化用

〔**3**〕　**オーステナイト系耐熱鋼**　　Cr を 15 ～ 25％および Ni を 8 ～ 12％含
み，耐食用のオーステナイト系ステンレス鋼よりも炭素含有量を高くすること
によって素地を炭化物で強化し，高温クリープ抵抗を高めた鋼種である。オー
ステナイト組織はフェライト組織に比べて拡散速度が遅いため，高温クリープ
強度が高くなり 600℃以上の高温部材に使用される。JIS G 4312 による分類で
は**表2.36**のように示される。

〔**4**〕　**超 合 金**（Fe 基超耐熱合金，Ni 基超耐熱合金，Co 基超耐熱合金）
オーステナイト系耐熱鋼に種々の添加元素を組み合わせて強化した Fe 基耐
熱合金，Ni 基耐熱合金，Co 基耐熱合金を総称して**超（耐熱）合金**という。

Fe 基には SUH 310，330 および A-286，Discaloy 24 および Incoloy 901 など
がある。

Ni 基には Hastelloy 系合金（B，C，X），Nimonic 系合金（90，95，100，105），
Inconel 系合金（X，X-700，713 C），Udimet 系合金（500，600，700）等があ
る。そのほとんどは，航空機ガスタービンのブレードやジェットエンジン燃焼
器部材にはなくてはならない材料である。

Inconel 713 C，MAR-M 246 などは，Ni 中に Cr を 20％固溶させた γ 単相のニ
クロム合金がベースとなっている。これに Al と Ti を添加して，$Ni_3(Al, Ti)$-γ'
相を析出させた析出硬化型合金である。なかでも IN-100 はクリープ破断強度
が最も高い材料である。

また，Co 基は素地を W および Ta で固溶強化し，多量の炭化物を析出させ
た複合強化型合金である。この種の合金は湯流れがよいので，部品はおもに鋳
造法で造られる。熱疲労の受けやすいガスタービン静翼の用途を持ち，強力鋳

表 2.36 オーステナイト系耐熱鋼の種類の記号（JIS G 4312（2021）による），
概略組成，性質とおもな用途（JIS G 4312（2012）付表による）

種類の記号	概略組成	性質とおもな用途
SUH 309	22 Cr-12 Ni-0.2 C	980℃ までに繰り返し加熱に耐える耐酸化鋼 加熱炉部品，重油バーナ
SUH 310	25 Cr-20 Ni-0.2 C	1 035℃ までの繰り返し加熱に耐える耐酸化鋼 炉部品，ノズル，燃焼室
SUH 330	15 Cr-35 Ni-0.1 C	耐浸炭窒化性が大きく，1 035℃ までの繰り返し加 熱に耐える。炉材，石油分解装置
SUH 660	15 Cr-25 Ni-1.5 Mo-V- 2 Ti-Al-B-0.06 C	700℃ までのタービンロータ，ボルト，ブレード， シャフト
SUH 661	22 Cr-20 Ni-20 Co-3 Mo- 2.5 W-1 Nb-N-0.1 C	
SUS 302 B-HR	18 Cr-8 Ni-2.5 Si-0.1 C	900℃ 以下では SUS310S と同等の耐酸化性および 強度をもつ。自動車排ガス浄化装置，工業炉など
SUS 304-HR	18 Cr-8 Ni-0.06 C	汎用耐酸化鋼，870℃ までの繰り返し加熱に耐え る
SUS 309 S-HR	22 Cr-12 Ni-0.06 C	SUS 304 より耐酸化性が優れ，980℃ までの繰り 返し加熱に耐える。炉材
SUS 310 S-HR	25 Cr-20 Ni-0.06 C	SUS 309 S より耐酸化性が優れ，1 035℃ までの繰 り返し加熱に耐える 炉材，自動車排ガス装置用材料
SUS 316-HR	18 Cr-12 Ni-2.5 Mo- 0.06 C	高温において優れたクリープ強度をもつ 熱交換器部品，高温耐食性用ボルト
SUS 316 Ti-HR	18 Cr-12 Ni-2.5 Mo- Ti-0.08 C	SUS316 の Ti 添加鋼 熱交換器部品
SUS 317-HR	18 Cr-12 Ni-3.5 Mo- 0.06 C	高温において優れたクリープ強度をもつ 熱交換器部品
SUS 321-HR	18 Cr-9 Ni-Ti-0.06 C	400～900℃ の腐食条件下で使われる部品，高温溶
SUS 347-HR	18 Cr-9 Ni-Nb-0.06 C	接構造品
SUSMX 15 J 1-HR	18 Cr-13 Ni-4 Si-0.06 C	SUS 310 S に匹敵する耐酸化性をもつ 自動車排ガス装置用材料

造合金としては VitalliumHS-21 などがある。

　より高温になっても素地と反応せず，熱的に安定で，成長や凝縮しにくい金属酸化物などを微細分散相として利用した粒子分散強化型耐熱合金（焼結耐熱合金）がある。Ni に ThO_2 を分散した TD-Ni というものがある。この合金は1 100℃ 近傍の高温でも高強度を示すが，低温側では弱い。

　分散強化と析出強化を組み合わせて，低温から高温まで高強度を有する合金として InconelMA 753 がある。

　セラミックス（ceramics）と金属（metal）とを組み合わせ，より耐熱性に優れたものとして**サーメット**（cermet）と呼ばれるものがある。さらにその上に一方向凝固共晶合金，単結晶と続き，最も高温部ではセラミックスが使用される。

2.9 　特殊機能金属材料

　すべての材料は独自の機能を持っている。従来の機械構造用材料では，機械的強度や加工性を重視している。これらの「強さ」という機能に対して，それ以外の物理的および化学的な機能を持つ材料を**機能性材料**と呼ぶ。

　低融点合金の特性を利用したろう合金，高透磁率の磁心材料や磁石合金，熱による形状復帰現象を持つ形状記憶合金，その他にも，耐食性や磁性に優れた非晶質合金などが実用化されている。この節では，機能的に優れた特性を持つ金属材料について理解を深めることを目標とする。

2.9.1 　易 融 合 金

〔**1**〕**ろう付け合金**　　鉛（Pb），スズ（Sn），亜鉛（Zn），ビスマス（Bi），アンチモン（Sb）などの低融点合金は加工硬化が起こりにくく，またクリープも起こりやすいので，強度を必要とする部材には適さない。しかし，その融点が低いことを利用したろう付けや，潤滑性を利用した軸受用としての特殊な用途がある。

　Sn-Pb を主成分とする低温ろう付け材料は，**はんだ**と呼ばれる。その状態図を**図2.55**に示す。2元合金の共晶反応による低融点を利用し，接合は容易である。接合強度は弱いので，高い接合強度が要求されるときには銀ろう（Cu-Ag-Au），または黄銅ろう（Cu-Zn）などのろう付け温度の高い硬ろうが用いられる。このほかにも，Au ろう，Al ろう，Ni ろうなどがある。

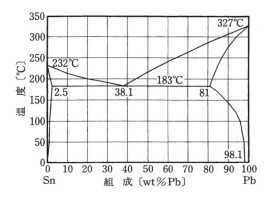

図2.55 Sn-Pb系合金平衡状態図（長崎誠三：金属臨時増刊号　実用二元合金状態図集，アグネ（1992））

〔**2**〕　**軸受用合金**　　Sn-Sb合金，Sn-Sb-Pb合金は，**ホワイトメタル**と呼ばれ，JIS H 5401では11種が規定されている。成分的には，Sb（5～13%），Cu（3～8.5%），Pb（0～15%），Sn（残部）のものが高加重用軸受合金として用いられ，Sn（5～46%），Sb（9～18%），Cu（0～3%），Pb（残部）のものが低加重用軸受合金として規定されている。Sn-Sb-Cu系合金は**バビットメタル**と呼ばれている。軸受合金に要求される特性は，軸になじみ，衝撃に耐えること，および軸を摩耗させない軟質の素地組織（Pb-Sn）中に回転軸の荷重を支える硬質の方形晶（Sn-Sb）が分散している組織であることが重要である。Sn基の共晶部分は油溜まりとなり，針状晶（Cu_3Sn）は方形晶が粗大化するのを防ぐ効果を持っている。**図2.56**は，走査型電子顕微鏡で写真撮影したホワイトメタルの鋳造組織である。左側は裏金の軟鋼，白色方形晶はSn-Sb，白色針状晶はCu_6Sn_5である。

　高速高荷重用の軸受用のものとして，CuとPbの合金で**ケルメット**と呼ばれるものがJIS H 5403に規定されている。硬質の素地（Cu+Ni）が荷重を支える。微細に分散されたPbは，自身の潤滑効果と異物埋入性を発揮する。その成分はPb（23～42%），Ni（<2%），Cu（残部）となっている。

図2.56 ホワイトメタル鋳造組織
（走査型電子顕微鏡による写真撮
影)

2.9.2 磁性金属材料

〔1〕 **永久磁石用材料** 永久磁石に必要な性質は, 保磁力 Hc および $(BH)_{max}$ が大きいことである。それには磁化が大きく, かつ磁気異方性が大きい単磁区粒子からなる物質でなければならない。

磁気異方性には, 結晶磁気異方性と形状磁気異方性とがある。結晶磁気異方性の大きい材料として, Sm-Co系磁石, Nd-Fe-B系磁石があり, 形状磁気異方性の大きい材料として, **フェライト磁石**, **アルニコ磁石**などがある。

1） **フェライト磁石** $BaO \cdot 6Fe_2O_3$ の組成の酸化物粉末を圧縮成形した後に, 強い磁場のなかで冷却して造ったものである。金属の酸化物であるから, 電気抵抗が非常に大きくて高周波用に適する。通信機器やモータ関係に用いられている。この粉末磁石をプラスチックのなかに混合したものは**ゴム磁石**と呼ばれるものである。

2） **アルニコ磁石** Fe 以外の合金成分が Al, Ni, Co なので, これらの元素名の続き読みで alnico と呼ばれる。二相分離反応を利用して, 高温の固溶体が低温で強磁性の FeCo 相と, マトリックスになる非磁性の NiAl 相に分離する。FeCo 微粒子の方向を揃えるために磁界中で熱処理する。

3） **Fe-Cr-Co磁石** アルニコ系磁石とほぼ同じ磁性を示す。熱間加工, 急冷状態での冷間加工が可能であり, ほとんどの機械加工が可能であるという特長を持っている。

4） **Sm-Co 系磁石**　　微粉末を圧縮焼成して造る。温度変化に対して安定した磁性を持つ。高保磁力，高エネルギーの優れた磁石である。

5） **Nd-Fe-B 系磁石**　　3 元合金の永久磁石としては最初のものである。

表 *2.37* にこれら永久磁石材料の磁気特性を示す。

表 *2.37* 永久磁石材料の磁気特性

	残留磁束密度〔T〕	保持力〔kA/m〕	最大エネルギー積〔kJ/m³〕
フェライト	0.20 ～ 0.24	125 ～ 170	6.0 ～ 10.5
アルニコ	1.20 ～ 1.40	46 ～ 61	35.0 ～ 52.0
Fe-Cr-Co	1.05 ～ 1.45	42 ～ 56	28.0 ～ 60.0
Sm-Co 系	0.85 ～ 1.00	600 ～ 760	140 ～ 200
Nd-Fe-B 系	0.97 ～ 1.36	740 ～ 987	183 ～ 358

〔*2*〕 **高透磁率材料**　　材料内部の磁化の方向が外部の磁界の方向に向かいやすく，外部磁界が交流のときにはエネルギーの損失の少ない特性を持つ材料を**高透磁率材料**という。

1） **ケイ素鋼板**　　Fe を変圧器などの電気エネルギーの制御に使用するには，鉄損と呼ばれるエネルギー損失が大きすぎる。そこで，Fe に Si を 0.5 ～ 4.5 wt％添加すると，Fe が磁化するときの結晶方向依存性（結晶磁気異方性）が低くなり，それによって Fe の保持力（磁化の反転する強さ）が低くなる。

実用化されている**方向性ケイ素鋼板**は，多結晶鋼板が圧延加工によって結晶方向を磁化が最も容易な<001>方向に揃えたものである。これを加熱して再結晶させるとさらに結晶方向が揃う。また，Si の添加により電気抵抗が高くなるので，交流で使用するときの渦電流損失が低下する。Si の添加量の増大とともに加工性が悪くなるので，Si の添加量に限界がある。

2） **パーマロイ**　　Fe と Ni を主成分とした合金で，Ni を 30 ～ 80％含む Fe-Ni 合金を**パーマロイ**（permeability alloy）という。この組織において優れた高透磁率性が得られる。ケイ素鋼板をしのぐ軟磁性特性のために，微弱な磁界で用いるコイルの磁心，磁気記録装置用ヘッド，高級な変圧器，電磁遮蔽材料などに利用されている。

2.9.3 形状記憶合金

金属を変形すると，弾性変形分は元に戻るが，塑性変形分は永久変形のままである。しかし，ある種の合金では，永久変形した後でも力を取り除いて加熱すると塑性変形前の状態に戻る。変形する前の形を覚えているという意味で，**形状記憶合金**と呼ばれる。形状記憶という特性は，金属のみならずポリマー，セラミックスにも存在する。

塑性変形をした材料が加熱によって変形する元の形に戻る現象を**形状記憶効果**という。Ti-Ni 合金で見出されたこの形状記憶効果は，**熱弾性型**と呼ばれるマルテンサイト変態によるものである。力が加わるとマルテンサイト変態が起こったり，マルテンサイト結晶が配置換えをして変形が進む。変形した後にマルテンサイト変態が生じる温度以上に加熱すると，配置換えした原子は元の位置に可逆的に戻るため，形状も元に戻ることになる。

形状記憶合金としては Ti-50 Ni（at%）合金のほかに，Cu-14.5Al-4.4 Ni（wt%），Cu-27.5 Zn-4.5 Al（wt%）などがある。この特性を利用して，センサとアクチュエータを兼備した機能材料としての用途が広がっている。

一方，弾性限の範囲を超えて塑性変形した材料が荷重を除くと元の形に戻る現象を**超弾性**という。**図 2.57** は通常の金属材料，形状記憶合金，超弾性合金の応力-ひずみ曲線である。

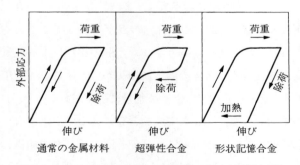

図 2.57 応力-ひずみ線図（田中監修：新素材／新金属と最新製造・加工技術，総合技術出版（1988））

2.9.4 アモルファス合金

金属は常温では結晶構造を示し，非晶質な状態では存在しないと考えられていた。しかし，超急冷により固化した場合，結晶に成長する時間が足りないので，原子配列がランダム構造になる。この金属を**アモルファス合金**という。一部には結晶質的な規則的配列が存在する場合もある。現在では特殊な製法によってアモルファス合金が得られている。

〔*1*〕 **合金組成と製造法**　アモルファスは熱力学的に不安定な非平衡状態であるため，最終的には安定な結晶へ移行する。安定なアモルファス合金の製造法としては，共晶組成近傍や金属間化合物組成の液相を超急冷（$10^3 \sim 10^6 ℃/s$）する方法が一般に用いられる。その他に気相法やめっき法，それにメカニカルアロイング法なども利用されている。超急冷による製造のために，製品としては薄帯，細線，粉末の状態のものである。

〔*2*〕 **アモルファス合金の特性**　アモルファス合金の特徴は，つぎのようなものである。

1）　粒界や偏析などが無い，より均質な等方的材料である。

2）　多くの溶質元素を固溶させることができるために，合金の性質を連続的に変えることができる。

3）　温度を上げるとガラス遷移，結晶化遷移が起こる。

アモルファス合金が，強さと延性に非常に優れていることが知られ，新材料として注目されるようになった。ついで，高耐食性と軟磁性の高い Fe 系，Co 系，Ni 系のアモルファス合金が作製されるようになった。これらの高強度，高耐食性，高軟磁性はアモルファス合金の３大特性と呼ばれている。**表2.38** にアモルファス合金のおもな材料特性を示す。これらの特性を利用して新しい用途が開発されてきた。まず，磁気ヘッドの小型磁心部品，電柱の上に取り付けられているトランスの鉄心材料や，スイッチング電源用磁心材料が大量に生産されるようにもなった。

Fe 系アモルファス合金は，約 4 GPa の引張強さと約 1 000 HV の硬さを有し，ピアノ線よりも高い強靭性を示す。ばね材，ワイヤ材，コイル材などの小形機

表 2.38 アモルファス合金のおもな材料特性

一般的性質 (構造上の特徴)	高強靭性	結晶金属の約 2 〜 3 倍の強さ
	高電気抵抗	結晶金属の約 3 〜 5 倍の抵抗
	耐放射線損傷	中性子線により脆化しにくい
	低音波減衰率	ガラスと同程度の小さい減衰能
特殊的性質 (組成による)	高耐食性	ステンレス鋼の約 10^4 倍の耐食性
	高軟磁性	高透磁率, 低鉄損
	超伝導性	ソフトな第二種超伝導体 (〜10 K)
	恒熱膨張率性	$-100 \sim 250$℃ 間で一定
	恒弾性率	$-170 \sim 250$℃ 間で一定
	恒電気抵抗率	$-200 \sim 300$℃ 間で一定
	高触媒性	ガス反応に高い触媒作用
	水素吸蔵性	吸収, 放出性に優れ粉化しない

械部品に使用されている。

　高耐食性を利用した溶射によるアモルファス合金皮膜の製品開発が進んでいる。浄化フィルタ, 印刷用スクリーンメッシュ, 磁気分離フィルタなどといった他の材料特性と組み合わせた用途が開拓されている。**表 2.39** にアモルファス合金材料の特性と応用例。

表 2.39 アモルファス合金の特性と応用例

特　性	応用例
強靭性	ワイヤ, タイヤコード, ばね, ひずみセンサ, 複合材, 刃物
耐食性	油浄化フィルタ, 化学装置用部品, 医療機器, 電極材
軟磁性	制御用巻磁心チョークコイル, 磁気シールド材, 磁気ヘッド, デジタイザ, 柱上トランス鉄芯, クロストランス, クロスインダクタ, 回転数計測センサ, 盗難防止用センサ
光磁気効果	メモリ材, 磁歪振動子, センサ素子
インバ・ エリンバ	精密機器用ばね, 懸垂線, センサ素子コイルばね
超伝導	ヘリウム液面計, 温度検出器, 磁場センサ
その他	漏電警報機, 接合ろう材, 触媒, ガスセンサ

───── **コーヒーブレイク**

金属の値段について，どれくらい知っていますか？

純金属の場合には，その純度が高くなれば極端に価格が上がります。

研究用基礎材料カタログ No.27，1999 ～ 2000（株式会社ニコラ）によると

材料		板材〔mm〕		線材
		(0.5×100×100)	(1.0×100×100)	(φ0.50×1 m)
Al	(99.999%)	18 000 円		3 500 円
	(99.98 %)	2 800 円	10 000 円	350 円
Fe	(99.99 %)	11 000 円	15 000 円	
	(99.5 %)	1500 円		160 円
Mo	(99.95 %)	5 800 円	11 000 円	280 円
Ti	(99.5 %)	7 000 円	9 000 円	600 円
Ni	(99.7 %)	1 500 円	3 000 円	160 円
しんちゅう 65Cu 35 Zn		700 円	1 200 円	160 円
ジュラルミン			700 円	
SUS 304		430 円	520 円	150 円
SUS 316		670 円	1 000 円	260 円
Cu	(99.999%)		8 000 円	4 500 円
	(99.9 %)	1 300 円	2 500 円	250 円
Au	(99.95 %)	480 000 円	930 000 円	18 000 円
Pt	(99.98 %)	310 000 円	782 000 円	25 000 円
Ag	(99.98 %)	18 000 円	20 000 円	1 100 円

こんなにも，材料の価格に差があると知っていましたか？

演 習 問 題

【1】 結晶構造に関するつぎの問いに答えよ。

(1) bcc，fcc および hcp 構造を持つ金属原子を述べよ。

(2) 鉄の格子定数が 2.866 4 Å（2.866 4×10^{-10} m）であるとき，鉄の原子半径 r を求めよ。

(3) 面心立方格子の (011)，(111)，(112) と [$\bar{1}$01]，[111]，[112] を図示せよ。

(4) アルミニウムは面心立方格子の結晶構造を持つが，いま結晶が**図 2.3**(*b*) のように配列し，**図 2.6** の座標系を採用したとする。z 軸方向に 10 MPa の応力がかかるとき，すべり面 (111)，すべり方向 [$\bar{1}$01] の

　　　　すべり系に作用する分解せん断応力を求めよ。

（5）　**図2.22**から鋼の再結晶粒径と再結晶温度と加工度の関係について簡単に述べよ。

【2】　金属は，曲がったり，延びたり，薄く圧延されたりするが，どうしてこのようなことができるのかを見てみよう。

　　　金属は結晶構造を持つことはよく知られている。しかし，金属材料としては，結晶構造の完全なものを作るのは非常に［ ① ］である。

　　　ある一部だけ原子の［ ② ］が乱れて，欠陥になっているところを「転位」という。金属の塑性変形は，金属結晶における［ ③ ］のすべり面での「すべり」で起きる。結晶のすべりは「転位」がすべり面上を動くことによって引き起こされる。つまり（「転位」のすべり面上での移動）＝（塑性変形）である。

　　　完全な結晶であれば，結晶の原子面を滑らせるのに非常に大きな力を必要とするが，「転位」があるとまるで車に乗ったように楽々と小さな力で結晶中を移動することができる。「転位」が結晶のすべり面を端から端まで移動すると，原子間距離のずれが起こり，結晶の表面にすべりの断層が現れる。つまり［ ④ ］変形が起こったのである。このように，金属の塑性は「転位」の動きやすさと関係づけられるが，それは「金属材料の強さ」にもかかわってくる。

　　　金属が強いというのは，この塑性変形に対する［ ⑤ ］で決まる。力を加えて，塑性変形してみても切れにくかったり，塑性変形しにくいといった場合は強いということになる。どちらの意味にせよ，結晶の［ ⑥ ］が容易に起こらないことが第一条件である。だから（強いということ）＝（「転位」が動きにくいということ）であるといえる。すなわち，金属材料を強くするには，その結晶構造のなかで「転位」を動きにくくすることである。金属を［ ⑦ ］すると，変形に伴って「転位」の数が増える。結晶内の［ ⑧ ］の数は限られているので，「転位」の数が増えすぎると交通渋滞のようになって動けなくなる。無理に動かそうとすれば大きな力を必要とする。つまり変形抵抗が増えたわけで，これを加工硬化という。

　　　拡散硬化は，拡散現象を利用して不溶性物質の微粒子を金属結晶格子内に均一に［ ⑨ ］させ，「転位」の動きの邪魔をするものである。まるで通り道に石ころをたくさん置いて，簡単に通りにくくするやり方といえる。

　　　純金属に合金元素を加えて溶解すると，固体のなかに，新しい別の結晶体の固体ができて固溶体というものになり，純金属に比べて著しい強さの［ ⑩ ］がみられる。固溶体には，合金元素の原子がベースになる金属原子の格子中

に置き換わって位置を占めたり，格子の間に侵入してベースになる金属原子の格子がひずめられ，原子面が［⑪］になって「転位」の動きを妨げている。

　また，「転位」というものは，そもそも結晶格子の隙間の広いところだから，ベースになる金属原子よりも大きい合金元素の原子を受け入れると，すっかり落ち着きがよくなり動かなくなる。

　これらのほかに，時効という熱処理によって微粒子を特定の状態に［⑫］させて「転位」の動きを妨げる析出硬化といわれるものもある。

【3】　つぎのそれぞれの説明文に適合する鋼材の呼び名を（　）に記せ。

（1）　構造物の重量を軽減し，高性能を図るため，高い強度と同時に溶接性に優れた構造材料が要求され，これに応じたものである。（　　　）

（2）　高い弾性率と耐疲労性の他に耐食性，耐熱性が要求されることがある。また，材料の断面形状および寸法精度を規格にあったもので選ぶことが大事になる。疲れ限度を高める方法としてショットピーニングがある。（　　　）

（3）　高速機関の部品の表面硬化法として，N を拡散させて表面に FeN の窒化層を作り，硬化させる方法がある。Al，Cr は窒化層を造りやすくする。Mo は窒化層の深さの増加，焼戻しもろさを防ぐに役立つ。
（　　　）

（4）　鋼の溶融開始温度の直下から焼入れし，かつ焼戻しの二次硬化が起こる 600℃ 付近での高温焼戻しを行っている。W 系と Mo 系とがある。
（　　　）

（5）　切削性を改善しようとして添加される元素は S，Pb，Ca などである。MnS をチップブレーカとして使ったり，Pb が単体で分布しているので展延性がよくなる。そのため仕上げ肌がきれいなものができる。
（　　　）

（6）　炭素工具鋼に Cr を約 1% 添加した成分のものである。熱処理によって容易に高い硬さが得られるし，そのうえ SK 材より安価なので利用価値が高い。耐磨耗性が特に要求される軸受の内輪，外輪およびコロの材料である。（　　　）

（7）　Cr を 12% 以上含有していることが最低の条件である。酸化物の不働態皮膜によって保護されている。C% が低いほうが優れた鋼材である。耐熱性も優れている。（　　　）

【4】 ハイスの焼入れ温度を 1 300℃ にも高くし，600℃ でしかも 3 度にわたって焼戻しを行うのはなぜか。

【5】 ある製造装置の鋼板は，650℃ で $\sigma = 30$ MPa なる応力に耐えるように設計されている。620℃，$\sigma = 25$ MPa なる条件下で合金試験片をクリープ試験したところ，定常クリープ速度 $\dot{\varepsilon} = 3.1 \times 10^{-12}$ 〔s^{-1}〕が得られた。この装置を 10 年間使用するとクリープひずみはどれほどになるか。ただし，この合金のクリープ変形は次式で表されるものとする。

$$\dot{\varepsilon} = A\sigma^5 e^{-Q/RT}$$

ここで，A と Q は定数，R は気体定数，T は絶対温度である。$Q = 160$ 〔kJ/mol〕，$R = 8.31$ 〔J/(K·mol)〕である。

【6】 耐熱合金の高温強度は，つぎの Larson-Miller の式で示される。

$$\sigma = A + B\,(273 + T)\,(20 + \log t)　A, B は定数$$

ここで σ〔MPa〕は，温度 T〔℃〕で t（時間）耐えることのできる応力である。

いま，ある材料を 200 MPa，527℃ で使用したところ，1 000 時間後に破断した。その材料を 200 MPa，450℃ で使用したときの推定破断時間を求めよ。

【7】 金属材料には腐食される欠点がある。耐食性を特長としたステンレス鋼にも，条件によって腐食現象が発生する。どのようなものがあるか述べよ。

3

高分子材料

　低分子から高分子を人工的に合成することによって最初の合成繊維ナイロンが作りだされ，高分子材料が実用材料となった。

　プラスチックと呼ばれる初期の合成樹脂には，ナイロンのほかにポリ塩化ビニル，ポリ塩化ビニリデンがある。ナイロン，ポリエステル，ポリアセタール樹脂は，エンジニアリングプラスチックとして活用され，テフロンと芳香族ポリイミドおよびアラミド（aromatic amide）といった，いわゆる耐熱性高分子材料（スーパエンプラ）にまで発展してきた。

　高分子材料は繊維，樹脂，フィルムとして使われる以外にゴムや接着剤として大量に使われている。荷重を加えれば変形し，除荷すると元に戻るゴム弾性は，高分子物質に固有の物性である。天然ゴムは最も優れた性質を持っている。高分子合成技術が進み，分子設計を行ってクロロプレンゴム，シリコーンゴム，ポリイソプレンゴム，スチレンブタジエンゴム，ポリウレタンなど，望みの物性を持つエラストマーが作れるようになった。強い接着をさせるには，分子間の力としてファンデルワールス力と水素結合をより大きくするために分子量の大きな物質であることが必要であり，これには合成高分子が適する。

　本章では，プラスチック材料，エラストマー，接着剤についての三つの節に分かれている。それらは共通して，石油，天然ガス，石炭など天然炭素資源をおもな原料として，これらを高分子合成反応させることによって C，H，O，N，Cl などの原子を鎖状や網状に連結した**長大分子**（polymer）に合成し，さらにこのポリマーを主体として充填材，安定剤，補強材などを配合して得られた材料である。

3.1 プラスチック材料

　セルロイドやベークライトを出発点にしてプラスチックの開発が盛んに進められて，今やプラスチックは金属やセラミックスの代替材料となった。

　エンジニアリングプラスチック（**エンプラ**と略す）が金属の競合材として使い始められてから，まだ半世紀も経っていない。しかし，その用途があらゆる方面にわたっている材料であるため，ニーズに応じた開発が続けられている。

　この節では，このようなエンプラの基本的な特性および用途について理解を深めることを目標とする。

3.1.1　プラスチックの分類

　現在，実用化されているプラスチックはおよそ100種類で，新規材料の開発として盛んなポリマーアロイなどの種類を入れるとおびただしい数になる。

　〔*1*〕　**プラスチックの表示方法**　　用いられるポリマーの種類により分類される場合を取り上げ，プラスチックの名称と，略号を**表*3.1***に示す。

　〔*2*〕　**実用上の分類**　　プラスチックを分類する場合，高分子化学上は**熱可塑性プラスチック**（thermo plastic）と**熱硬化性プラスチック**（thermo set plastic）とに大別される。実用上はコスト，市場規模，耐熱性，機械的特性などによって汎用プラスチックとエンプラとに使い分けられることが多い。

　1）　汎用プラスチック　　強度はあまり問題とせず，価格が安いことが優先される。雑貨用，包装用，農業用などに大量に使用されるもので，PE，PP，PVC，PS，PF や UF などの一般グレード品がこれに属する。

　2）　エンジニアリングプラスチック　　汎用エンプラと特殊エンプラ（スーパーエンプラ）とに使い分けられる。5大汎用エンプラと称される PA，POM，PC，PPE，PBT の五つの樹脂は，その優れた特性を活かして広く用いられている。PET，PPS などがこれに続く。5大汎用エンプラの特性を**表*3.2***で比較する。

表3.1 プラスチックの名称と略号

	略 号	名 称	略 号	名 称
熱可塑性樹脂	PE	ポリエチレン	HDPE	高密度ポリエチレン
	PP	ポリプロピレン	PS	ポリスチレン (スチロール樹脂)
	PVC	ポリビニルクロライド (塩化ビニル樹脂)	PVDC	ポリビニリデンクロライド (塩化ビニリデン樹脂)
	PVAC	ポリビニルアセテート (酸ビニル樹脂)	PMMA	ポリメチルメタアクリレート (アクリル樹脂)
	PA	ポリアミド (ナイロン樹脂)	PC	ポリカーボネート
	POM	ポリオキシメチレン (アセタール樹脂)	PETP	ポリエチレンテレフタレート (テトロン樹脂)
	PPO	ポリフェニレンオキサイ	PBT	ポリブチレンテレフタレート
	PPS	ポリフェニレンサルファ	ABS	アクリロニトリル-ブタジエン-スチレン
	PSU	ポリスルホン	PTFE	ポリテトラフルオロエチレン (フッ素樹脂)
	AS	スチレン-アクリロニトリル		
熱硬化性樹脂	PF	フェノール樹脂	UF	ユリア樹脂 (尿素樹脂)
	MF	メラミン樹脂	PUR	ポリウレタン (ウレタン樹脂)
	UP	不飽和ポリエステル	PDAP	ジアリルフタレート樹脂
	PI	ポリイミド	Si	シリコーン樹脂
	EP	エポキシ樹脂		

(大石不二夫：高分子材料の活用技術，日刊工業新聞社（1979））

　耐熱性の高いスーパーエンプラに，ポリイミド（PI），ポリアミドイミド（PAI），ポリエーテルイミド（PEI），ポリエーテルエーテルケトン（PEEK）などがある。これらの製品コストは汎用エンプラの数倍にも達するので，競合材料としてのセラミックや金属にかなりのハンディを負うことになる。

　〔3〕　**外観上からの分類**　　成形加工方法によって，製品の形状から**表3.3**のように分類される。

3.1.2　プラスチックの通性

　プラスチックは石油製品のため燃える。軽くて電気や熱を伝えにくく，酸や

表3.2 5大汎用エンプラの特性比較

種　類	利　　　点	欠　　点
PA	耐衝撃性，電気特性・低温特性，摩擦・摩耗特性，耐薬品性に優れる。結晶性ポリマーである。自己消火性である	吸水による寸法変化大（GFRPにすると小）
POM	強度，耐疲労性，耐クリープ性，耐薬品性，摩擦・摩耗特性に優れる　結晶性ポリマーである	接着性は悪い。燃えやすく耐候性も悪い。成形収縮率が比較的大
PC	耐衝撃性，耐クリープ性，寸法安定性，耐熱性，耐候性，低温特性，電気特性に優れる。自己消火性である	耐薬品性に劣る。応力亀裂を起こしやすい
PPO（変性PPE）	強度，耐熱性，耐水性，成形性，電気特性，耐酸性・耐アルカリ性に優れる　自己消火性である	有機溶媒に侵される
PBT	成形性，耐熱性，難燃性，耐候性，摩擦・摩耗特性，耐疲労性，電気特性に優れる	耐熱水性・耐アルカリ性に劣る

表3.3 成形加工法と製品形状

製品形状	成形加工法
成形品（モールド品）	圧縮成形，トランスファ成形，射出成形
中空品	吹込み成形（ブローモールディング），真空成形
棒，パイプ，板	押出し成形
強化プラスチック製品	フィラメントワインディング，プリミックス，シートモールディング
発泡体	発泡成形
フィルム，シート	インフレーション，カレンダー成形

アルカリに強い。紫外線や熱による劣化で破壊しやすくなる。

　ポリマーの物性は，温度や時間に影響される粘弾性体である。粘弾性体は振動や騒音を吸収するが，「クリープ現象」や「応力援和現象」などを示す。工場生産のできる合成材料であるため，大量生産によるコストダウンも可能である。これらプラスチックの長所と短所とをまとめて，**表3.4**に示す。

　熱硬化性樹脂は，原料を加熱して硬化させて製造する樹脂で，加熱しても熱可塑性樹脂ほど軟らかくならない樹脂である。合成のときに反応によって架橋高分子になっている。このような構造をとるものは，耐熱性，耐薬品性が向上し，型崩れしない。フェノールとホルムアルデヒドを反応させて作るフェノール樹脂が最初の例で，**ベークライト**と名付けられている。

表3.4 プラスチックの長所と短所

長所	軽量性	比重が0.84〜2.3で，鋼の約1/9〜1/3の軽さである
	成形加工性	大量生産が容易にできる
	耐食性	空気・水・各種薬品によく耐える
	耐摩擦性	無潤滑で金属やほかの樹脂との摺動が可能である
	着色性	一部を除き着色が容易で，着色された成型品が得られる
	複合性	ガラス繊維，炭素繊維，充てん材などの複合が容易である
	透光性	透明・半透明のものが得られる
	減衰能	振動・音を吸収する
	電気特性	電気絶縁性がある，電波透過性がある
	熱伝導率	断熱性がある
短所	耐熱性	300℃以上の温度に耐えるものはほとんどない
	易燃性	本質的には不燃化は困難である
	耐寒性	低温で脆化する
	強度	引張強さが鋼に比べて小さい，剛性もはるかに小さい
	寸法安定性	膨張係数が鋼の約5倍と大きく，吸水による影響もある
	耐久性	低クリープ強度，低疲労限度などがある
	そのほか	紫外線劣化がある

　熱可塑性樹脂は生産されている樹脂の約80％を占める。そのなかでもPE，PP，PSおよびPVCはそれぞれ10％以上を占め，この4大汎用樹脂だけで全体の70％以上の生産量に達している。その理由として，成形速度が速いとい

表3.5 熱可塑性樹脂と熱硬化性樹脂の比較

項目	熱硬化性樹脂（TS） （thermoset-resin）	熱可塑生樹脂（TP） （thermoplastic-resin）
分子構造	硬化前は細い分子で，加熱すると分子間で反応し，架橋した巨大分子になる	長い鎖状構造の分子の集まりで，絡み合っている
加工時の変化	加熱・加圧により溶融流動し，製品の形になる。さらに高温で加熱すると，化学反応し架橋構造になり，硬化する。硬化したものは再び加熱しても溶融せず，溶剤にも溶けない	加熱・加圧により溶融流動し，製品の形になる。冷却すると再び元の硬さになる。加熱冷却を繰返すことにより再生はできるが，性質は劣化する
利用度大の加工法	圧縮成型，発泡成形，封入成形，FRP成形 接着剤・塗料，二次加工	射出成形，中空成形，発泡成形，延伸成形，二次加工，押出し成形，カレンダー成形
おもな樹脂	PF，EP，PDAP，UP，PI，MF，Si	PE，PVC，PS，ABS，PMMA，PETP，POM，PC，PA，PBT，PPS

うことと，きわめて安いコストで製造できるようになったことがあげられる。**表3.5**でこれらを比較する。

3.1.3 性能への影響因子

プラスチック材料の性能に影響を与えるものとしてつぎのようなものがある。

〔**1**〕 **ポリマーの種類による影響**　ポリマーを構成している基本単位（モノマー）の種類により諸性能は異なる。

〔**2**〕 **ポリマーの内容による影響**　モノマーの連結の仕方や長さの違いによって鎖状高分子，枝分れ高分子，グラフト重合体，架橋高分子などの分子構造を作る。側鎖の有無，架橋の度合い，結晶化度，共重合化と様式などが材料の性質を支配する。

〔**3**〕 **副材料の種類，量，分布による影響**　充てん材，安定剤，可塑剤が配合され，物性に及ぼす影響が大きい。可塑剤の量によって硬質と軟質塩化ビニルとでは特性が大きく異なる。

〔**4**〕 **成形法とその条件による影響**　成形法や成形条件が異なると材料の性能は大きく影響を受ける。外観上は不良品でなくとも，強度などが低下しているものもある。

〔**5**〕 **デザインによる影響**　強度の上から曲面構造としたり，リブを付けたりする。溶融樹脂の流動性の上からコーナーに大きなＲをとり，エッジは丸めておく。型抜きテーパを付けたりする。肉厚の限界（射出成形では最大8mm）も考慮する。

〔**6**〕 **使用条件による影響**　使用環境の温度が上がると軟化し，低温になると脆化する。また，薬液の作用で膨潤する。ナイロンは湿気によって吸水変形をするので注意が必要である。

3.1.4 プラスチックの成形加工

プラスチックには，金属に比べて非常に多くの成形法がある。成形法を変え

ると性能が悪くて製品にならないという例もある。また，同じ成形法でも成形条件が異なると材料の性能に大きな影響を与える。

　プラスチックは金属に比べて低い温度で溶融可塑化されるため，金型を用いて寸法精度の高い製品を容易に成形できる。その際に，成形前の樹脂ペレットの管理や成形機の温度，圧力，サイクルの管理は重要である。**成形材料**（molding compound）から直接成形する一次加工と，素材としてさらに加工する二次加工に分類される。このなかでプラスチックとしては，シートおよび板などの二次元加工と，部品のような三次元加工とが主体をなすので，それらの一次加工と二次加工の各加工法別に述べる。

　〔*1*〕　**圧縮成形法**　　圧縮成形法（compression molding）は，最初の実用プラスチックであるベークライトを成形するときに用いられた歴史的な方法である。

　熱盤で加熱される上下の金型間のキャビティに成形材料を入れて加熱し，加圧することで可塑化し，固化後，金型を開いて成形品を取り出す方法である。熱硬化性樹脂の成形加工に用いられる。装置，操作とも簡単であるが，生産性が著しく低いことが欠点である。

　〔*2*〕　**トランスファ成形法**（transfer molding）　　圧縮成形法の生産速度を高め，成形品の表面と内部との硬化の均一化を目指したのがトランスファ成形である。固化成形品が開いた金型から取り出される工程中に，あらかじめ加熱筒中で成形材料が加熱，可塑化されている。金型がセットされるとプランジャで加圧される。加熱筒（ポット）からゲートを通して金型キャビティ内に移送（トランスファ）され，圧縮成形品ができる。

　〔*3*〕　**射出成形法**（injection molding）　　アルミダイカスト法（diecast）を応用した成形機による加工法である。製品の形状寸法に等しいキャビティを持つ金型内に流動状態にした成形材料を射出し，固化後，金型から取り出すものである。プラスチックの成形加工法のなかで最も多く用いられている。成形品物性に及ぼす射出成形条件としては，（1）シリンダ温度と樹脂温度，（2）射出圧力と金型内圧力，（3）金型温度，（4）射出時間などがある。

〔4〕　**押出し成形法**（extrusion）　　熱可塑性プラスチックの成形に用いられ，一定断面の連続的な成形品ができる。成形品の断面はダイの形状によって決定される。その形状に制限はあるが，均一な成形品ができやすいのでシート，板，棒，パイプなどの単純な断面を持つ成形品に多く用いられる。単純な断面のほか，I形，アングル形および各種複雑な断面を持つ異形押出し品も製造されている。

〔5〕　**吹込み成形法**（blow molding）　　一端を封じたパイプ内へ圧縮空気を吹込み，割形金型内部にパイプを吹き付けて膨らまし，ボトルのような中空の成形品を加工する。

〔6〕　**インフレーション成形法**（inflation molding）　　吹込み成形において，外部から形状を制限する金型を用いないで，パイプを細長い風船のような薄い大きな筒状のフィルムにする。二つのローラ間を通してローラに巻き取ると薄い袋状の成形品が得られる。二軸延伸のために，強度に方向性のないフィルムができる。

〔7〕　**カレンダー成形法**（calendering）　　押出し成形機から出た加熱混和物を鋳鉄製ロールを平行に組み合わせたカレンダーロールに加圧下で通すことによって，厚さが一定の比較的薄いシートとかフィルムを連続的に高速度で成形する方法で，方向性のある一軸延伸のフィルムができる。

〔8〕　**ペースト成形法**　　常温または予熱した型をプラスチックのゾル浴中に浸漬して，所定の時間後に引き上げて型の表面に付着したゾルを加熱溶融，冷却後型を抜き取って型表面が内面となる形状の成形品を得る方法を**ペースト成形法**という。また逆に型の内面にゾルを入れて，その面にゾルを付着させ溶融，ゲル化後型から抜きだして成形品を得る方法を**スラッシュ成形**（slush molding）という。なお，この他にコーティング加工，発泡成形も含まれる。

〔9〕　**積層成形法**（laminating）　　シート状の紙，繊維，布などに液状の熱硬化性樹脂をしみ込ませておき，これらのシートを層状に積重ねて加熱，加圧して硬化させて，1枚の板状の成形品を得るものである。厚みのある板状あるいは管状の製品の成形に多く用いられる。ガラス繊維を補強材としたのが

GFRP（glass fiber reinforced plastic）であり，炭素繊維を使用したのが **CFRP**（carbon fiber reinforced plastic）である。ともに複合材料として重要な位置にある。

〔10〕 そ の 他　　所要の製品形状を持った凹状の型に液状の成形材料を注入して，そのまま固化させる**注型法**（casting）や，多くの気泡を含む成形品を成形する**発泡成形法**（foam molding）などがある。発泡成形方法のいくつかを**表3.6**に示す。

表3.6　各種発泡成形方法

発 泡 方 法		低発泡（発泡倍率4以内）	高発泡（発泡倍率30〜60）
分 解 型発泡剤法	常圧発泡法	PE，PS，ABS PP，PVC	PE（放射線架橋）PP，ゴム PE（化学架橋）
	押出し発泡法		
	プレス発泡法		
	ストラクチュアルフォーム	PS，ABS	
蒸 発 型発泡剤法	ビーズ法	熱可塑性樹脂	PS，PE 熱硬化性樹脂
	押出し発泡法		
	二液混合法		
化学反応法		ポリウレタン	ポリウレタン

（構造・プロセシング・評価編集委員会：最新複合材料・技術総覧，産業技術サービス，p.168（1990））

3.1.5　プラスチックの機械加工

プラスチックの被削性は，金属と異なる切削条件が適応される。

〔1〕　**プラスチックの機械加工の必要性**　　機械加工の必要性はつぎのように考えられる。

1）　旋削，穴あけ，リーマ仕上げなどで，サイズ公差のきびしい部品に対応する。

2）　少数成形品の場合には，近似寸法の成形品から削り出すほうが経済的である。

3）　工程上必要な切断，打ち抜き，仕上げ加工，切削加工，穴あけ加工が
　　ある。

〔*2*〕　**プラスチックの切削加工**　　各種プラスチックについて，つぎのよ
うな新しい切削加工法が開発されている。

1）　PA および切削工具を加熱して切削すると，切削抵抗は減少する。

2）　PMMA を超高速切削すると，切屑はばらばらになる。

3）　超低速切削で潤滑油を注入して切削すると，仕上げ面は改善される。

4）　GFRP を超音波振動切削すると，仕上げ面粗さと切削抵抗は少なくな
　　る。

〔*3*〕　**最適研削切断条件**　　プラスチックの砥石による切断では，つぎの
ような最適条件を選ぶようにする。

1）　切断速度は，なるべく速くするほうがよい。

2）　砥石周速は，安全速度の範囲でなるべく速いほうがよい。

3）　切断高さは，砥石回転中心に近く送ったほうがよい。

4）　砥石回転方向としては，なるべく下向き削りのほうがよい。

3.2　エラストマー材料

　材料としての**ゴム**（rubber）の特徴は，きわめて小さな力で大きな変形を引
き起こし，力を取り去ると直ちに元の状態に戻る点にある。特に膜やシート状
の場合には，他の材料で代替できない独特の機能材料である。このゴム弾性を
示す天然および合成物質を，ゴムまたは**エラストマー**（elastomers）と呼ぶ。
分子合成研究が進み，望みの物性を持つエラストマーを作れるようになった。

　天然ゴムすなわちポリイソプレンは今日でも広く使用されているが，合成ゴ
ムが全ゴム消費量の7割近くを占めるようになってきている。さまざまな特性
を持つ合成ゴムが生産され，その生産量は天然ゴムを上回るようになった。

　この節では，これらエラストマーについて理解を深めることを目標とする。

3.2.1 ゴ ム の 分 類

実用化されているゴムの種類は多い。新しいゴムの開発も盛んに行われているので，その種類はますます多くなる。ここでは基本的な品種について，**表3.7**のように実用的な分類表で示す。

表3.7 ゴムの分類

( ) 内は略号表示

天然ゴム系	天然ゴム（NR）
一般合成ゴム系 （ジエン系）	合成イソプレンゴム（IR），スチレンゴム（SBR），ニトリルゴム（NBR），ブタジエンゴム（BR），クロロプレンゴム（CR），アルフィンゴム（AL）
特殊合成ゴム系	アクリルゴム（AR），ウレタンゴム（UR），フッ素ゴム（FR），シリコーンゴム（Si），多硫化ゴム（TR）
プラスチック系	エチレンプロピレンゴム（EPR），エチレン酢ビゴム（EVA），ブチルゴム（IIR），エピクロルヒドリンゴム（ECO），ハイパロン（R），ポリエステルゴム（ESR），塩素化ポリエチレン（CPE）

3.2.2 ゴムの基本的な特性

ゴムは分子が長く伸び，線形高分子といわれる分子構造を持つ。そのセグメント（部分的な鎖状高分子）が活発な熱運動（ブラウン運動）をしている。多くのゴムに共通する基本的性質は，つぎのようなものである。

1） 大きなひずみに対しても復元する。

2） クリープや応力緩和現象を示す。

3） 振動を与えると，応力とひずみに位相差を生じる。

4） 音や振動を吸収する。

5） 低温で脆化する。

6） 高温で軟化，溶融，熱分解，燃焼する。

7） 電気絶縁性を示す。

8） 紫外線，熱，オゾン，油，溶剤，薬品，応力によって老化する。

9） 加硫によって物性の向上があり，実用性が高められる。

10） 配合（カーボンブラックなど）によって特性が変わる。

〔**1**〕 **加　　硫**　　活発な熱運動ができる程度の数で，硫黄（ほかに過酸化物など）を添加してセグメント間をところどころ結び付る（架橋する）ことを**加硫**という。これによって生ゴム（原料ゴム）は，線状ポリマーから網目状ポリマーに変化し完全な弾性体となる。補強材を入れないときの加硫ゴムの強度は 3 MPa 程度で，生ゴムの 20 倍の強度になる。このように成形性や強度の向上，使用温度確囲の拡大など実用性が高められる。加硫が過ぎて固化したものをエボナイトという。自動車バンパなどのポリウレタンは，加硫を必要としない**反応射出成形**（RIM：reaction injection molding）によって作られ，**ゴム状プラスチック**ともいわれる。

〔**2**〕 **ゴム弾性と粘弾性**　　1 本のセグメントで両端の距離が近いほど，セグメント 1 本の形はいく通りにも変形できる。これをエントロピーの大きい状態であるといい，引き伸ばされたゴムの収縮力がエントロピーの現象だけに基づくことを**エントロピー弾性**という。このとき生ずる**ゴム弾性**（張力）によってゴム分子は縮まる。

　ゴムはフックの法則に従う弾性体と完全流体との中間的な性質を持つから，**粘弾性体**であるといわれる。ゴムに振動を与えると応力とひずみに位相差を生じ，周波数依存性のあるヒステリシスロスを示す。そのロスの大きさに応じてエネルギーが発熱となって現れる。

　ゴムはヤング率が他の固体に比べて極端に小さいので，破断ひずみは数百％にもなるし，その伸びでも荷重をなくすと復元する。変形したときに内部に蓄えられるエネルギーは大きいが，復元するときはそのほとんどのエネルギーを放出する。しかし一部のエネルギーは内部摩擦で熱エネルギーとなる。ゴムを引き伸ばすとゴムの温度は上がる。引き伸ばした状態で加熱して温度を上げるとゴムに収縮力が増す。これに反して，金属の弾性は**エネルギー弾性**と呼ばれ，温度の上昇とともに張力が低下するのは金属原子のポテンシャルエネルギーによるものである。

〔**3**〕 **クリープと応力緩和**　　加硫していないゴムは粘性的な傾向が強く，クリープや応力緩和の減少が著しい。クリープとは，一定の力を加え続けると

摩擦抵抗の少ない部分のすべりが起きて，それが全体のセグメント間のすべり
に広がり，連続的な変形が大きくなるという現象である。そのクリープ現象が
生じる温度は $0.3\,T_m$ 以上とされている。T_m はその材料の融点を絶対温度で表
示した温度である。また，逆に一定の変位を与えると，不均一変形が時間とと
もにセグメントの間のすべりになり，熱運動によって均一な変形へと進むのが
応力緩和現象といわれるものである。

3.2.3 汎 用 ゴ ム

汎用ゴムとしては，天然ゴム（NR），スチレンブタジエンゴム（SBR），ブ
タジエンゴム（BR），イソプレンゴム（IR）などがある。これらのゴムの持つ
それぞれの特徴を**表3.8**にて比較する。

表3.8　汎用ゴムの特徴

種　　類	利　　点	欠　　点
天然ゴム（NR）	価格が安い。強靭性がある 耐疲労性に優れる	加工エネルギーが大きい。 品質や価格の変動が大きい
スチレンブタジエンゴム（SBR）	品質が均一。加工エネルギーが 小さい。耐老化性，耐熱性，耐 摩耗性が優れる	粘着性，反発弾性，耐寒性 が劣る。動的発熱が大きい
ブタジエンゴム（BR）	耐摩耗性，低温特性が優れる。 反発弾性が高い。動的発熱が少 ない	チッピングやカッティング に対する抵抗が弱い
イソプレンゴム（IR）	品質が均一。振動吸収性，電気 特性が優。臭気性がよい	価格が高い

3.2.4 特 殊 ゴ ム

特殊ゴムは種類が非常に多いのが特徴で，多くの分野で多数の部品が重要な
用途に使われている。耐油性，耐熱性，耐オゾン性のうえに高付加価値のある
ものが製造されている。ゴムを作る場合は，多種多様の配合剤を用いている。
ウレタンゴム（UR）のように配合剤を必要としないものは例外的である。そ
れぞれの特殊ゴムに共通した特徴を**表3.9**に示す。

自動車分野，特にエンジンルーム内での使用を目的としてデュポン社が開発

表3.9 特殊ゴムの特徴

種　　類	利　　点	欠　　点
ニトリルゴム（NBR）	強度，弾性，耐摩耗，耐油，耐アルカリ，耐ガス透過性に優れる	耐オゾン，耐熱老化性が悪い
ブチルゴム（IIR）	耐熱，耐オゾン，耐ガス透過性に優れる。衝撃吸収はきわめて大きい	耐油性に劣る
エチレン-プロピレンゴム（EPR）	加硫が容易，比重が最小。耐水，耐酸，耐アルカリ，耐オゾン性が非常に優れている	耐油性に劣る
クロロプレンゴム（CR）	耐候，耐摩耗，接着性が優れる耐油，耐オゾン性が有る	高温強度に劣る
アクリルゴム（AR）	高温における耐油性に優れる	耐水，耐溶剤性，加工性に劣る
クロロスルホン化ポリエチレン（CSM）	耐候，耐熱，耐アルコール，耐アルカリ性，電気的性質に優れる	耐油，耐溶剤性に劣る
ウレタンゴム（UR）	耐摩耗，耐熱老化，引裂強さ，耐薬品性，接着性に優れる	耐熱，耐酸，耐溶剤性に劣る。
フッ素ゴム（FR）	耐熱，耐熱水，耐スチーム，耐オゾン，耐薬品性に優れる	引裂強さに劣る
シリコーンゴム（Si）	耐熱，耐寒，耐水，耐酸，耐アルカリ性に優れる。電気絶縁性，生体適合性がある	引裂強さ，耐摩耗性に劣る
エピクロルヒドリンゴム（ECO）	耐油，耐熱，耐オゾン，気密性，接着性に優れる	加工性が悪い 強度が低い
多硫化ゴム（TR）	気密性，耐油性に優れる シーリングやコーキングに最適	加工性に劣る，臭気性あり，耐アルカリ，耐摩耗性に劣る

　した超耐熱性エラストマーとしてのパーフルオロゴム（kalrez）は，290℃で連続使用が可能であり，一時的には315℃にまで耐えるといわれている。耐油性も普通のフッ素ゴムより一段と優れている。

　ポリフォスファゼン（PNF200）は無機ポリマーで，耐熱，耐油性に優れると同時に，−50℃まで柔軟性を保持する優れた低温特性を有する。

　ポリノルボルネンゴムは油の高充てんが可能なゴムで，油の添加量によって幅広く硬度を変えることのできるゴムである。

3.2.5 熱可塑性エラストマー

　常温でゴム弾性を示し，高温では熱可塑性プラスチックスと同様な可塑性を示すポリマーを**熱可塑性エラストマー**（TPE：thermo plastic elastomer）という。TPE は加硫ゴムの性質を持っているのに加硫を必要としない。温度が上がると，硬質ブロックの樹脂成分が溶融して架橋点の作用ができなくなり，熱可塑性樹脂と同じように塑性変形して成形が可能になる。なかでもエステル系 TPE，ウレタン系 TPE，アミド系 TPE はプラスチックに近い特性を示す。TPE の特徴を加硫ゴムと比較して**表3.10**に示す。

表3.10 熱可塑性エラストマーの特徴

長　　　所	短　　　所
・通常の熱可塑性樹脂の成形機で加工できる ・射出成形のサイクルは短い 　（加硫ゴムの 1/20 の所要時間） ・押出し成形速度を大きくできる ・ブロー成形，インフレーション成形，トランスファ成形が可能（加硫ゴムでは不可能） ・バリや製品スクラップの再利用が可能 　（加硫ゴムでは不可能）	・耐熱性が低い ・永久ひずみが大きい ・耐溶剤性や耐久性が低い

　〔**1**〕　**スチレン系 TPE**　　スチレン系 TPE の性質は，最もゴムらしい特性を示す。その欠点は，耐熱性，耐油性，耐候性に劣ることである（タイプ SBS）。**相互侵入網状構造**（IPN：interpenetrating polymer network）といわれる技術を応用し，塗装性，耐ガソリン性，耐寒・耐熱性，傷がつきにくいなどの高性能品種も開発されている（タイプ SEBS）。

　〔**2**〕　**オレフィン系 TPE**（TPO）　　他の TPE に比べて，比重が最も軽く（約 0.88），耐熱性，耐候性，耐寒性，電気特性に優れるという利点がある。欠点としては圧縮永久ひずみが大きい，耐油性，耐溶剤性に劣る，強度が小さいなどの特性に現れる。

　〔**3**〕　**ウレタン系 TPE**（TPU）　　エンプラ系 TPE の一種で，機械的強度，耐屈曲性，耐摩耗性，耐寒性，耐油性に優れるという利点がある。欠点は耐熱性，圧縮永久ひずみ，耐候性，耐加水分解性に劣るという点である。

〔**4**〕　**エステル系 TPE**（TPEE）　　TPEE の利点は，射出成形性，耐熱変形性，耐荷重性，耐疲労性，耐油性に優れるという点にある。TPE のなかでは硬い部類に入り，硬さの幅が狭く，柔軟性に乏しいという欠点を有する。

〔**5**〕　**アミド系 TPE**（TPA）　　TPA はエンプラ系 TPE で，耐摩耗性，耐油性，耐熱性，耐寒性，消音効果といった面では優れた特性を持っており，さらに，離型性，ゲート切れがよいといったような成形性の面でエステル系 TPE，ウレタン系 TPE にない優れた面を持っている。しかし，ゴム弾性が低いことと，価格が高いという欠点がある。そのほかの TPE としては，フッ素系 TPE，1, 2-ポリブタジエン系 TPE，塩ビ系 TPE，アイオノマー，トランス-1, 4 ポリイソプレン，塩素化ポリエチレンなどがあり，それぞれの特徴を活かして使われている。

3.3　接　　着　　剤

　接合技術の方法には，接合する材料の力学的変形を利用する機械的接合法や，溶接および接着剤接合法がある。接着剤接合法は，機械的接合法では得られない機能が認められ，利用が拡大してきた。初期の接着剤は，開発したポリマーの用途の一つとして接着が考えられた。接着剤の利用が増えるに従い，接着接合の目的である一体化機能を与えること以外に，多種多様な機能性を持った接着を目的とする接着剤が開発されてきた。この節では，接着・接合の機能および分類された接着剤について理解を深めることを目標とする。

3.3.1　接着・接合のメカニズムとその機能

　接着剤を用いる目的は，被着体が界面の結合によって一体化するためである。その結合した界面は，接着剤やプライマーと被着体とが，化学変化を起こし，異種材料の集まった複合構造をしている。接着の機能性はこの界面の状態に大きく影響される。この接着によって得られる機能には，荷重伝達機能，軽量化機能，緩衝機能，気密化機能，精度調整機能，複合化機能などがある。

　接着剤による接合では，拡散結合，力学的結合，静電気結合，吸収結合などのような種類の結合力が複雑に関係している。接着剤と被着体との界面の結合力を**接着力**（adhesive force）という。強い接着強度を得るには，硬化条件，表面処理，被着体との組み合わせについての知識が必要となる。

　接着強さ（bond strength）とは，接着したもののせん断破壊強度と剥離破壊強度が重要でよく扱われる。実際の破壊では，構造材料では割れ，衝撃，振動で起こり，非構造材料では剥離の形で起こる場合が多い。

　熱硬化性樹脂系接着剤は引張強度，せん断強度は大きいが，剥離強度，衝撃強度などは小さい。熱可塑性樹脂系とゴム系接着剤とはこの逆である。

　熱硬化性樹脂系接着剤と熱可塑性樹脂系接着剤やニトリルゴム系接着剤などを配合すると，両方の強度の強い接着剤が得られる。

3.3.2　接着剤の分類

　接着剤の分類法には非常に多くの分類法がある。原料系統別による分類，硬化方法による分類，供給形態による分類，強度による分類，硬化温度による分類，塗付方法による分類，機能性による分類，用途による分類などがある。

　〔**1**〕　**原料系統別分類**　　接着剤の性能，特徴を説明するために，原料系統別に分類する。

　1）　**熱可塑性樹脂系接着剤**　　低温では固体であるが，加熱により軟化（可塑化）して液状になる。冷却すると元の固体になる。溶剤可溶性のため溶剤溶液またはエマルジョンの形で使用される。溶剤または水の蒸発により元の固体に戻るため，接着強度が得られる。時間を短縮する場合には加熱乾燥をする。また，固体のまま加熱溶融して接着することもできる。一般に接着強度が小さく，耐熱性がないため，構造用には使用されない。非構造用接着として広く使用されている。

　2）　**熱硬化性樹脂系接着剤**　　常温では液状で，加熱または硬化剤や触媒の作用により固化する。熱に強いので耐熱接着剤として用いられる。引張強度がきわめて大きいので構造用接着剤として用いられる。剥離，衝撃，屈曲強度

は小さいが，ゴムまたは熱可塑性樹脂の配合で改良している。常温では硬化に
長時間かかるし，短縮するには高温加熱が必要となるなど不便な面もある。

3） ゴム系接着剤　　常温で弾性，柔軟性に富むが，高温では硬化，脆化
して弾性を失う。塗布後，ラテックスでは水を蒸発させるだけで接着できる。
剥離強度，衝撃強度，屈曲強度が大きいが，引張強度は小さく，耐熱性は劣
る。熱硬化性樹脂の配合で改良している。

4） 混合接着剤　　熱硬化性樹脂の欠点（低い衝撃強度，剥離強度，屈曲
強度）をゴムまたは熱可塑性樹脂の配合で改良する。ゴムまたは熱可塑性樹脂
の欠点（低い引張強度，耐熱性）を熱硬化性樹脂の配合で改良する。ニトリル
ゴム，ネオプレンゴム系接着剤のほとんどはフェノール樹脂が配合されてい
る。

〔2〕 供給形態による分類　　供給形態による分類では，水溶液型，溶剤溶
液型，エマルジョン型，無溶剤型，フィルム型，ホットメルト型などがある。

1） 水溶性（エマルジョンまたはラテックス型）**接着剤**　　樹脂に乳化剤
を用いて水中へ分散させたものを**エマルジョン**，ゴムの場合は**ラテックス**と呼
ぶ。揮発性溶剤を含まないため，引火，中毒の危険性が少ない利点がある。短
所は，多孔質材料の接着に基本的に限定されることと，接着強度を得るために
は長い常温乾燥または高温の加熱を必要とすることである。

酢酸ビニル樹脂系エマルジョンは，接着剤全体のなかでもユリヤ樹脂系につ
ぐ使用量を占め，その用途は木工，紙管，包装そのほか建築，二次合板などで
ある。アクリル樹脂系エマルジョンは，繊維，建築などにその用途を持ち，合
成ゴム系ラテックスは，製本，建築現場などに多く用いられる。また，EVA
樹脂系エマルジョンの用途は，二次合板，土木，包装などである。

2） 溶剤溶液型接着剤　　有機溶剤を含む接着剤の特徴は，常温乾燥で直
ちに接着できる速乾性と作業の簡便さにある。しかし，引火性，毒性などの短
所が安全衛生面にある。熱可塑性樹脂，熱硬化性樹脂，ゴムの多くが溶剤溶液
の形で市販されている。溶剤型の60％は合成ゴム系であり，その初期接着強
さは非常に高い。硬質・軟質両方の被着材に対応できることが用途を拡大して

いる。

3）　無溶剤型接着剤　　エポキシ樹脂，不飽和ポリエステル樹脂，シアノアクリレートなどがこのタイプである。液状で触媒または硬化剤を加えると硬化する。非多孔質面でもすぐ貼り合わせることができる。硬化時の収縮がないので加圧もわずかでよい。

エポキシ系接着剤は，使用直前に樹脂と硬化剤を練り合わさねばならないが，引張せん断強度が大きく，耐薬品性，耐熱性などに優れるものである。

シアノアクリレートは液状モノマーの形で使用し，空気中の水分が触媒となって重合し，極短時間で接着する。保存が困難である。

4）　フィルム型接着剤　　布・紙・ガラスクロスなどの基材に，接着剤を塗布含浸して作ったものと接着剤だけのものとがある。フェノール，合成ゴム／フェノール，ポリエステル，エポキシ，ポリビニルアセタール／フェノールなどがこのタイプである。加熱圧着で接合する。無溶剤のため，火災・中毒の危険がなく，溶剤が蒸発するまで待つ必要がない。接着剤の厚さが均一のため均等な接着強度が得られる。ポリビニルブチラールフィルムは，ガラスを貼り合わせて安全ガラスを作るのに用いられる。

5）　ホットメルト接着剤　　EVA（エチレン–酢酸ビニル系）樹脂に粘着付与剤，ワックス，充てん剤，可塑剤，安定剤などを配合したものである。配合した接着剤の供給される形態は粉末，塊状，ペレット，棒状，紐状型などである。使用するときには，アプリケータに入れて加熱溶融したものをノズルから被着材に塗布して接着する。ベースポリマーには，エチレン–酢酸ビニル系，ポリオレフィン系，ポリエステル系，ポリアミド系，熱可塑性ゴム系，ウレタン系，アクリル系などが使われている。

ホットメルト接着剤は接着スピードが速いことや，金属，プラスチックス，木材，紙，布などの接着に適していること，無害であることなどがメリットである。はんだの代わりに，缶用接着剤としてオイル缶やジュース缶などのシールに使われることもある。しかし，EVA樹脂系は包装や製本にその多くが用いられる。また，樹脂とは違った柔軟性を持つ，合成ゴム系（熱可塑性エラス

トマー）が繊維用途で評価されている。

〔**3**〕　**用途による分類**　　用途による分類では，構造用接着剤および非構
造用接着剤とがある。

　接着剤の破壊により構造物自身が破壊されるというような場所に使用される
接着剤を**構造用接着剤**という。構造用接着剤には，衝撃強度，屈曲強度が要求
される。代表的な構造用接着剤を**表 3.11** に示す。一般に，熱硬化性樹脂は強
度が大きく，熱可塑性樹脂，ゴムは小さい。

表 3.11　代表的構造用接着剤

種　　類	配　　合	用　　途
ビニルフェノリック	フェノール樹脂，ポリビニルアセタール	航空機用接着剤
ニトリルフェノリック	ニトリルゴム，フェノール樹脂	自動車用ブレーキの接着剤
ナイロンエポキシ	ポリアミド樹脂，エポキシ樹脂	耐寒性を必要とする接着剤
ラバーエポキシ	ニトリルゴムやクロロプレンゴム，エポキシ樹脂	もろさを改良した接着剤
アクリル系接着剤	反応形嫌気性アクリル	補強板の接着や FRP の接着に用いられる
ウレタン系接着剤	イソシアネート，ポリオール	柔軟性で多くの材料に強く接着できる。一液性と二液性とがある

　非構造用接着剤には，安価であることや接着作業の簡便さが要求される。高
温では加熱圧着，常温では長時間の硬化が必要であるような熱硬化性樹脂系接
着剤よりもゴムや熱可塑性樹脂系のほうが能率的である。

1）　嫌気性接着剤　　変性アクリル系を主成分とした接着・シール剤であ
る。空気が存在した状態では安定している。わずか一滴の接着剤をボルト・
ナットの間に塗り，締め付けると両者間の空気が接着剤の界面から追い出され
る。被着材自身の鉄材質が重合促進剤となり，接着剤の硬化が促進されて接着
強さが増す。各種金属製部品の組立の際に，ガス・液体がねじ穴から漏れるの
を防ぐために使われる。また，振動などによるボルト・ナットの緩みを防止す
る目的に使用されている。

2) UV硬化性接着剤　接着に用いられる**光硬化性樹脂**にはアクリレート系，エポキシ系，ポリエン・ポリチオール系のものがある。普通の蛍光灯の光では安定しているが，紫外線（UV）の照射を受けるとたちまち重合硬化が進行し，数秒の短時間で接着ができる。増感剤を配合すると可視光線でも硬化する。室温で速く硬化するのが特徴であるが，光が接着剤に届かなければ硬化しないので，透明な基材の接着に限られる。このため，ガラスの接着にはよく使用される。接着よりも塗装，印刷（リソグラフィー）に用途が大である。

3) 第二世代変性アクリル系接着剤（SGA：second generation acrylic adhesive）　二液性であるが，計量や混合をしなくてもよい。接着剤の主剤を片面に塗り，硬化促進剤をもう一つの面に塗り貼り合わせると両液が重合し硬化する。室温ですみやかに硬化が進み，短時間（数分程度）で高い接着性を与える。また，油の付着した面に接着できることで，機械部品の接着の多い自動車工業で特に重要である。

4) 無機接着剤　その耐熱接着性に優れている。接着剤と被着材の線膨張率が一致した場合，加熱後の接着強さはあまり低下しない。異種材料でも線膨張率がほとんど等しい場合，よい接着強さが得られる。また，弾性率が小さい材料では，被着材が熱ひずみを吸収するため，比較的良好な接着が行われる。無機接着剤は弾性率が大きく，硬くてもろいため，剥離接着強さは低く，圧縮せん断接着強さや引張接着強さは相対的に高い。接合部の構造設計にはめ合い構造を取り入れるべきである。

5) ニトリルゴム系接着剤　皮革，ゴム，軟質塩化ビニルの接着などにおいて，硬化をあまり好まない場合に使用される。

6) シアノアクリレート系接着剤　液状モノマーの形で使用し，空気中の水分が触媒となってごく短時間に重合固化するので，瞬間接着剤と呼ばれる。加熱・加圧・溶剤不要である。引張せん断強度が大きいが，衝撃に弱い欠点もある。熱や湿気に弱く，高価である。種々の材料を接着できるのが特徴で，金属，プラスチックス，ガラス，セラミックス，ゴム，木材などに応用範囲が広い。

7)　反応型接着剤　　この接着剤は液状で塗付し，重合硬化させることで
接着する。エポキシ樹脂系が構造用接着剤，機能性接着剤として用いられる
が，価格が高いので用途が狭められる。

───┤ コーヒーブレイク ├───

ファッションとは，プラスチックを身につけること（？）

　衣類といえば，かつては絹や綿，麻などに代表される天然繊維が主流を占めていた。かつて天然繊維ライク素材の開発を目指した合繊は，今やそれを昇華させて，天然繊維にもない独自の風合いを作り出すに至った。
自分の身に付けているものは一体なんだろうか？

タイプ	特　徴	各社の素材商品群
ニューシルキー	優れたシルキー感， 上品な光沢， 豊かなふくらみ， 反発性とドレープ性	シルックロイヤルS（東レ） ミキシイ（ユニチカ） ソロソワイエ（旭化成） レジエール（カネボウ） シルフローラX（東洋紡） レジェルテ（帝人）
ピーチタッチ	桃の表皮のような質感， 独特なふくらみ， 適度なドレープ性と反発性	ピセーム（東レ） ロミーナ（ユニチカ） ブロミー（旭化成） ナスカ（カネボウ） ジーナミクロス（東洋紡） ソレラ（帝人）
ニュー梳毛	ウールのようなふくらみ感， 合繊独自のソフト感， 適度な張りと腰	マロー（東レ） リーベックス（ユニチカ） セネッタ（旭化成） ベルビア（カネボウ） オーダス（東洋紡） コンソフ（帝人）
ドレープ＆ ドライ	さわやかなドライタッチ， 清涼感， シルエットを保つ反発感	シルックシャトレーヌ（東レ） エアリス5（ユニチカ） ガルク（旭化成） アゼイ（カネボウ） シャンデル（東洋紡） フェブロ（帝人）

このような新合繊を，各社は今もどんどん開発している。

8）感圧型接着剤　　ベースポリマーとしては天然ゴム，ポリイソブチレン，ブチルゴム，スチレンゴム，ポリビニルエーテルなどのアクリル樹脂系とゴム系が中心である。これに天然ロジンなどの粘着物質が配合されたものである。粘着テープ，ラベル，壁紙などに使用される。

演 習 問 題

【1】　用途が決まれば，それに適合する特性を持つプラスチックを選択することが必要になる。その物性的なポイントについて述べるつぎの文を完成せよ。

　　　金属に比べて ［①］ が小さいことがハウジングに用いられるポイントである。単体では 0.9～2.1 程度であるが，［②］ にすると 0.04 にもなる。

　　　［③］ 性の樹脂は透明性であるので，光学的に，また装飾的にも大きな利点がある。ガラスに代わって，エポキシ樹脂，［④］ 樹脂，メタクリル樹脂などが活用されている。

　　　［⑤］，ジュラコン，テフロンと呼ばれる樹脂などの機械的性質で，注目すべきは耐摩耗性である。ギヤ，軸受に優れた効果を発揮している。

　　　一般にその ［⑥］ 性のために，電気材料として多くの利用面を持っている。材料によってその値は，$10^{10} \sim 10^{18}$ Ω・cm の広い範囲にある。

　　　熱的性質のなかで，［⑦］ 性は金属に比べて低く，最低のポリプロピレンから最高の高密度ポリエチレンまでの値は $10^{-4} \sim 10^{-3}$ 倍と著しく低い。なお，この値は，充てん材または発泡体にすることで大きく変わってくる。保温材として活用される理由がここにある。耐熱性は一般に低く，非常に優れている ［⑧］ 樹脂やポリイミド樹脂でも ［⑨］ ℃前後である。

　　　耐薬品性のなかで，フッ素樹脂，塩化ビニル，ポリエチレン，ポリスチレンは酸にもアルカリにも強い。しかし溶剤に対しては，なかでも ［⑩］ は非常に弱い。これら以外にポリアセタール樹脂が溶剤に対しては強い。

【2】　プラスチックの成形加工法についての説明文中の（　　）を適当な語句で埋めよ。また，この説明にあう方法を何と呼ぶか。［　　］内に記入せよ。

　　（1）　最初の合成樹脂（　　）の成形加工に用いられた歴史的な方法である。熱盤で加熱される金型間のキャビティに成形材料を入れて加熱・加圧することで可塑化し，固化後，金型を開いて成形品を取り出す方法である。　　　　　　　　　　　　　　　　　　　　　　　［　　］

（2）　成形材料は，あらかじめ加熱筒中でもっぱら加熱・可塑化され，金型の準備ができしだい，プランジャーで加圧されて，ゲートを通して加熱筒（ポット）から金型キャビティ内に（　　　）され圧縮成形される。

[　　　]

（3）　最も多く用いられ，しかも独特な特徴を持つ優れた方法である。流動状態にした成形材料を所用の形状・寸法に等しいキャビティを持つ金型内に注入し，加圧・固化後金型から取り出すものである。アルミ合金などで用いられる（　　　）法を取り入れたものである。　　[　　　]

（4）　供給された固形の成形材料は，ヒータで加熱されるシリンダ（バレル）内のスクリューの回転によって混練・加熱・可塑化され，バレル先端のダイから一定速度で押し出される。成形品の断面はダイの形状によって決まり，一定断面形状の製品を（　　　）的に製造できるのが特徴である。

[　　　]

（5）　シート状の紙・布・繊維などに液状樹脂をしみこませておき，これらのシートを（　　　）状に重ねて加熱・加圧して硬化させて，1枚の板状の成形品を得るものである。

[　　　]

【3】　汎用ゴムの最大の用途はタイヤであり，ゴム工業で消費されたゴムの74%がタイヤに使われている。タイヤに要求されるゴムの特性はどのようなものか。また，どのような種類のゴムが選ばれるか。

【4】　特殊ゴムとしての Si ゴムについてどのような用途があるか。

【5】　つぎのそれぞれの状況において使用するに適した接着剤の種類を [　　　] 内に記入せよ。

（1）　使用直前に樹脂と硬化剤を練り合わさねばならないが，引張せん断強度が大きく，耐薬品性，耐熱性などに優れるものである。　　[　　　]

（2）　木材や紙類のような多孔質の材料の接着には，このタイプのものが有効とされる。　　[　　　]

（3）　硬化をあまり好まないゴム，軟質塩化ビニルの接着などに用いられる。　　[　　　]

（4）　機械・金属工業における各種の金属製部品の組立の際に，ガス・液体がねじ穴から漏れるのを防ぐために使いたい。締め付けボルトのゆるみを防ぐためにも用いられる。　　[　　　]

（5）　高価で，熱や湿気や衝撃に弱い欠点もあるが，加熱・加圧・溶剤不要で，ごく短時間に硬化し，引張せん断強度が大きい点を利用したい。

[　　]

（6）　オイル缶やジュース缶などをシールするのに，溶融・圧着・冷却により固化させることで，はんだの代わりに使う。　　　　　　[　　]

4

セラミックス材料

　酸化物系の天然原料を使用して，耐熱性，耐食性，高強度，硬質性を持っ
た構造材料，陶磁器，ガラス，セメントれんがなどが造られてきた。天然原
料は不純物を多く含むので，材料の特性を制御するのが困難である。そこで，
技術が進歩して，炭化物や窒化物，ホウ化物，ケイ化物などの材質も幅広く
使われるようになった。その形態も焼結体のほかに，単結晶や繊維，薄膜，
複合体とさまざまである。

　このように高純度の人工原料を調整し，製造プロセスで自由に組成制御を
行って造られた高性能なセラミックスを，特に**アドバンスドセラミックス**と
呼んでいる。

　酸化物系セラミックスの構成原子は，一般にイオン性に富む結合をしてい
るので，原子の拡散が容易となり焼結しやすい。非酸化物系セラミックスの
構成原子は，一般的に共有結合性に富む結合をしているので，焼結体を作り
にくく，高温下でも高強度が保たれ，高温強度構造材料として使われる。

　優れた焼結セラミックスは原料粉体の合成，調整技術，成形技術，焼成技
術によって各工程を精密に制御することにより得られる。微細組織は単結晶
や完全なガラスもあるが，おもなものは多結晶焼結体である。組織を構成し
ている粒内や粒界には，異種物質であるガラス相や気孔が存在する。

　精密加工技術の進歩によりセラミックスの後加工が可能となり，さらに接
合技術の進歩によりセラミックスどうしあるいは金属，プラスチックなどの
異種材料と接合させて，セラミックスの特徴を生かして使用することが多く
なった。

　焼結体製造技術，単結晶育成技術，薄膜化技術，繊維化・ウィスカー技術，
多孔質体作成技術などを利用して，ニューセラミックスの範囲が拡大してい
る。

4.1　セラミックスの分類

　ギリシャ語「keramos」は「陶器用粘土あるいはそれを焼いて作った器」を意味して，「ceramics」の語源であるといわれている。セラミックスは，粉末を目的の形状に成形し，化学反応が起きる温度で焼結させて造られる。従来のセラミックスに使われた原料はほとんど天然のものであった。セラミックスが本来持っていた耐熱性，高硬度，耐食性を利用して，陶磁器，ガラス，耐火物，セメントなどの容器または構造物として使われてきた。

　これらのトラディショナルセラミックスに対して，**ニューセラミックス**と呼ばれるものは，「原料，製造プロセス，さらには最終製品の構造，形態，機能などを精密に制御して作られた高性能セラミックス」と定義されている。**ファインセラミックス**という言葉が使われることも多い。この節では，セラミックスを材質によって分類することで理解を深めることを目標とする。

4.1.1　セラミックスの分類法

　ファインセラミックスは，材質の面からは酸化物系と非酸化物系に大別される。材料の形態別分類によると，陶磁器，耐火物を代表とする焼結体のほかに，単結晶，繊維，薄膜，複合体などの形で使用されている。材料の機能別では，エレクトロニクセラミックス，バイオセラミックス，エンジニアリングセラミックス，オプティカルセラミックスという用語で分類している。用途別には，機械用，電気用，電子用，光学用，化学工業用として，それぞれの特性を最大限に生かせるように分類されている。

4.1.2　酸化物系セラミックス

　表*4.1* に示されるような種類の酸化物系セラミックスは，一般にイオン性に富む結合をしていて，原子の拡散がしやすいため焼結が容易である。

表4.1　酸化物系セラミックスの種類と用途

シリカ	アルミナ	ジルコニア	マグネシア	ベリリア
SiO_2	Al_2O_3	ZrO_2	MgO	BeO
れんが, ガラス製品, 光ファイバ	磁器, IC基板, 耐火物, 点火プラグ	機械部品, 耐火物, 刃物	耐火れんが, 電気絶縁材, セメント	高周波用絶縁材

ムライト	コーディエライト	スピネル
$3Al_2O_3 \cdot 2SiO_2$	$2MgO \cdot 2Al_2O_3 \cdot 5SiO_2$	$MgO \cdot Al_2O_3$,　$MgAl_2O_4$
電鋳れんが, 炉心管 絶縁保護管, 理化学磁器	排ガス浄化用ハニカム触媒担体	耐火物, 軸受

4.1.3　炭化物系セラミックス

表4.2に示されるような種類の炭化物系セラミックスは, その融点が物質のなかで最も高く, 硬度も高い。研磨・研削材料としての用途がある。

表4.2　炭化物系セラミックスの種類と用途

炭化ケイ素	炭化チタン	炭化ホウ素	炭化タングステン
SiC	TiC	B_4C	WC
研磨材, 抵抗発熱体, 耐熱れんが	バイト, 超耐熱材料	研磨材, 原子炉制御材	超硬バイト, ダイス, 成型用金型, 超高圧器具

4.1.4　窒化物系セラミックス

表4.3に示されるような種類の窒化物系セラミックスは, 高温における強度や靭性, 耐熱衝撃性などに優れ, 構造用材料として最も実用化が進んでいる。

表4.3　窒化物系セラミックスの種類と用途

窒化ケイ素	窒化アルミ	サイアロン	立方晶窒化ホウ素
Si_3N_4	AlN	$Si_3N_4 \cdot Al_2O_3 \cdot$ $SiO_2 \cdot AlN$ 系	c-BN
ガスタービン用翼, ベアリング エンジン部品,	Al溶解用坩堝	高温部材	研磨砥粒, 切削工具 刃先, 放熱基板

4.2 セラミックスの製造プロセス

　セラミックスは，おもに天然に産する原料を用いてれんが，耐火物，ガラス，陶磁器，セメントなど生活のなかでさまざまな形で使用されてきた。

　焼結技術の進歩により人工原料が造られ，それを使用した新しい分野への応用・開発が進められてきた。セラミックスは，ガラス電融物のように溶融して製造するものを除いて，ほとんどが粉体を対象として混合・成形・焼成などの製造プロセスを持つ。焼成時にはつねに固相における反応を伴い，非平衡状態で不均質に近い材料である。粒径が小さく十分緻密であって，強度のばらつきが少なく，均質で欠陥がほとんどない焼結体を造ることがエンジニアリングセラミックスの製造上最も重要なことである。そのためには，目的とする製品の形状，特性などに応じて，原料の選択から前処理，混合，成形，焼成，加工など製造の全プロセスを厳密に制御することが必要である。この節では，製造プロセスにおける種々のパラメータについて理解を深めることを目標とする。

4.2.1 原料粉体の製造・調整

　原料粉末の合成方法には固相法，気相法，液相法などがある。同一物質であっても合成方法によって得られる粉体の特性は異なる。酸化物（Al_2O_3，ZrO_2 など）は固相法や液相法によって合成される。非酸化物（SiC，Si_3N_4）は固相法，気相法によっておもに合成される。

　粉体の密度が大きく，平均粒径が小さく，粒度分布が狭く，粒子形状は球形または等軸状のものであり，凝集粒子は少なく弱いほうが良い原料粉体といわれる。このために原料粉を仮焼し，ボールミルやアトライターで粉砕し，焼結助剤や成形助剤を混合し，スプレードライヤで乾燥させて，粒子径を約0.1 mm 程度に造粒する。原料粉末の雰囲気，温度，湿度などの管理や，適正な粉末調整条件の下での調整操作において粉末の汚染防止に配慮が必要である。

4.2.2 成形品の製造

　成形プロセスにおいては，均質かつ高密度に成形することが重要な課題である。複雑で大形なものを均質に成形することは容易ではない。目的とする製品の形状に合わせて加圧，可塑，鋳込み成形法などを選択すべきである。

　成形方法には，**表4.4**に示すような3種類がある。形状，大きさに合わせた成形手法を選択し，成形条件の最適化を図ることが大切である。

表4.4　セラミックスの成形方法

成 形 方 法		内 　　　 容
加圧成形	乾式加圧	自動連続化が可能。易操作性である 密度の不均一といった欠点もある
	冷間静水圧加圧	CIP 密度均一で切削加工が可能
	ホットプレス	微細な粒子が均質で高密度に成形。焼結が同時に行える
可塑成形	射出成形	密度均一で，寸法精度の良好な複雑形状のものを，大量生産することが可能
	押出し成形	断面形状一定のものが連続的に生産可能
鋳込成形	泥漿鋳込み	易操作性で比較的密度均一なものが可能
	ドクターブレード	表面性状の良好なものを，連続生産が可能

　成形助剤には，結合剤，可塑剤，潤滑剤，消泡剤などが含まれている。ここでも適切な成形助剤の選択がよい成形品を造るポイントになる。

4.2.3 焼成品の製造

　焼結には固相における物質移動のみによる固相焼結と，加熱中に生じる液相を介して物質移動が促進される液相焼結とがある。その物質を構成する化学結合がイオン性であって，高温での物質移動が大きい酸化物セラミックスの場合は，比較的容易に緻密な焼結体とすることができる。非酸化物では固体あるいは気体により加圧し，加熱する種々の焼結方法が開発されている。

　焼結方法には，**表4.5**で示されるようなものがある。形状，大きさなど目的に合わせた焼結方法の選択をし，焼結温度を低めにして焼結助剤が少ないほ

表4.5 セラミックスの焼結方法

無加圧焼結	常圧焼結法		各種雰囲気下で複雑形状に対応 気孔が残りやすい 酸化物は大気中で常圧焼結
	反応焼結法		原料合成と同時に焼成，複雑形状に対応 寸法精度が良好。多孔質なものも可能 非酸化物は種々の方法で焼結。加圧焼結の場合，焼結助剤が少なくても緻密化可能
加圧焼結	ホットプレス法	10～50 MPa	単純形状のものに対して，成形と同時に焼結が可能
	二段焼結法		反応焼結品の再焼結
	ガス圧焼結法	1～10 MPa	複雑形状のものに対して，雰囲気ガスで加圧焼結
	熱間静水圧加圧焼結法（HIP）	100～200 MPa	複雑形状のものに対して，高ガス圧で焼結。成形体をそのまま焼結する場合にはカプセルが必要。焼結体の場合には不用
	超高圧焼結法	1～6 GPa	微小焼結体に対して，無添加で加圧焼結
	衝撃加圧焼結法	～100 GPa	単純形状のものに対して，無添加で加圧焼結
	加圧自己燃焼焼結法		反応熱により合成と同時に焼結が可能
	冷間静水圧加圧焼結法（CIP）	100～1 000 MPa	高純度のもの，薄膜の焼結。バルク状製造も可能

うが成形体密度を高くできるのでよい焼結体ができる。

4.2.4 機 械 加 工

　セラミックスのように硬くてもろい材料は，金属材料のように簡単には機械加工ができない。このため，後加工を必要としない寸法精度の高い製品を焼結するように工程管理が大切である。しかし，まったく加工操作を不要とすることはできない。加工方法としては研削加工が最も多いが，加工形状，面精度に合わせて，**表4.6**に示すような種々の加工法が用いられている。被加工材の損傷を少なくして，加工後の剛性が十分高いものとなるようにしなければならない。

表4.6 セラミックスの各種加工方法

成　形　方　法		内　　容
機械加工法	切削加工	高硬度工具による単純形状の加工に適用
	研削加工	結合砥粒による切断や研削，一般的な加工法
	ホーニング加工	ダイヤモンド工具によるスムージングおよび固定砥粒による磨きで，平面・曲面の面仕上げが可能
	超仕上げ加工	平面の超仕上げが可能
	研磨布紙加工	可撓性工具による研磨
	噴射加工	薄肉材の切断，穴あけ，彫刻が可能
	ラッピング	比較的粗い砥粒と硬質工具を使用
	ポリシング	微細砥粒と軟質工具を使用
	超音波加工	比較的複雑な穴あけ
	バレル加工	自由砥粒による流動研磨で，複雑形状の同時加工が可能
特殊加工	レーザ加工	局部加熱による蒸発，溶融で，切断・穴あけ・切断溝切り加工が可能
	電子ビーム加工	微細加工，高精度な加工が可能
	プラズマ加工	化学反応による揮発性化合物の生成で，精度良好な加工が可能
	エッチング加工	液体や気体との化学反応による溶解除去で，研磨・食刻が可能
	放電加工	3次元曲面の加工が容易，導電性が必要

4.3　機械材料としてのセラミックス

　セラミックスは耐熱性，耐食性，耐摩耗性，硬さに優れるが，脆性材料であるという欠点が，機械材料への適用を見送らせてきた。しかし，比較的高い靱性を持つ窒化ケイ素や，セラミック系複合材料の開発によって，機械材料としての優れた面に目を向けるようになってきた。「エンジニアリングセラミックスの普及を妨げている原因の一つは高い価格である」ともいわれている。量産品として品質を保証し，廉価に造る技術がまだ完全にできあがっていないからである。

　この節では，おもなエンジニアリングセラミックスについて理解を深めることを目標とする。

4.3.1 ア ル ミ ナ

アルミナ（Al_2O_3）は強い化学結合を持つイオン性結晶であるので，化学的にも物理的にもきわめて高い安定性を持つ。電気絶縁性（抵抗率＝$10^{14}\Omega \cdot$cm）が高いので，エレクトロニクス用部材の代表的なセラミックスである。

製造しやすいために比較的安価であり，耐熱性，高硬度，比較的高い室温熱伝導率，光学的透明性，耐食性，生体適合性などに優れた特性を持つ代表的なセラミックスである。セラミックスの持っている特性のなかで，機械材料としての単機能（耐摩耗性，硬さ）に着目して，金属部材の代替品に用いることができれば，他の材料に比べてコストの面から有利である。アルミナの特性を**表4.7**に示す。

表4.7　Al_2O_3 の特性

安定使用温度〔℃〕	耐熱衝撃温度〔℃〕	熱膨張係数〔$\times 10^{-6}$℃$^{-1}$〕	熱伝導率〔W／mK〕
1 400	230	7.9	21
硬さ〔HV〕	曲げ強さ〔MPa〕	破壊靱性〔MPa・m$^{1/2}$〕	体積固有抵抗〔Ω・cm〕
1 750	310	3 ～ 4	10^{14}

（技術カタログ：ファインセラミックス，東芝部品材料事業本部）

アルミナ系工具は化学的・熱的に安定で，強度・靱性も中程度であり，大部分の金属材料の切削が可能であるが，アルミニウムの切削にはぬれ性のため不向きである。アルミナ系工具には，MgO などの酸化物を添加した「白セラミックス」と，炭化物を添加した「黒セラミックス」がある。「黒セラミックス」は「白セラミックス」より微粒で，高強度，高熱伝導率，耐摩耗性に優れる。

4.3.2 窒 化 ケ イ 素

窒化ケイ素（Si_3N_4）は，セラミックスのなかでも最も期待されている代表的なエンジニアリングセラミックスである。共有結合性の強い結晶であって，物理的にも化学的にも非常に安定である。焼結体は反応焼結法，常圧焼結法，ホットプレス法などによって造られる。製造方法の違いによって特性にかなり

の差が見られる。エンジン部材として利用を検討しているのはほとんどがこの材質のものである。耐熱性，高強度，高硬度，高温強度，耐食性など優れた特性を持つ。熱膨張係数も非酸化物系セラミックスのなかでは最も低いため，耐熱衝撃性にも優れている。電気的に絶縁体であることと，熱伝導率が低いことが SiC と大きく異なる点である。

　ターボチャージャロータは，高速回転と 900℃ 前後の高温排気ガスにさらされ，熱応力と機械的応力が同時に負荷される部品である。加速応答性をよくするために軽量化を図り，高出力化による使用温度向上に備えてセラミックス化が期待された。実際に窒化ケイ素材料を使い，射出成形でロータを成形し，金属シャフトとろう付けして製造したターボチャージャロータでは，慣性モーメント 34% 減，加速応答時間 36% 短縮で改善された。

　窒化ケイ素材料をセラミックボールに使用したボールベアリングでは，軽量，耐食性，耐熱強度，靭性などに優れているので，高速領域で温度上昇が少なく，高速回転に有利であり，精密工作機械には欠かせない存在となった。窒化ケイ素の特性を**表***4.8* に示す。

表*4.8*　Si_3N_4 の特性（ホットプレス焼結体）

安定使用温度 〔℃〕	耐熱衝撃温度 〔℃〕	熱膨張係数 〔$\times 10^{-6}$℃$^{-1}$〕	熱伝導率 〔W/mK〕
1 200	900	3.2	29
硬さ 〔HV〕	曲げ強さ 〔MPa〕	破壊靭性 〔MPa·m$^{1/2}$〕	体積固有抵抗 〔Ω·cm〕
1 800	1 029	5〜6	10^{14}

（技術カタログ：ファインセラミックス，東芝部品材料事業本部）

4.3.3　ジ ル コ ニ ア

　ジルコニア（ZrO_2）は，イオン性結晶であり，2 700℃ 以上の高い融点を持ち耐熱性，耐食性，高強度，イオン伝導性など多くの機能を有している。熱伝導率は低い。特定の温度範囲で，昇温や冷却によって相転移があり，体積変化によって破壊してしまうという欠点がある。MgO や Y_2O_3 を添加してすべての

温度範囲で立方晶にしたものを**安定化ジルコニア**という。

$$\boxed{単斜晶} \leftarrow (1\,100℃) \rightarrow \boxed{正方晶} \leftarrow (2\,370℃) \rightarrow \boxed{立方晶}$$

MgO や Y_2O_3 の添加量を抑制して破壊靭性を向上させたものを**部分安定化ジルコニア**という。部分安定化ジルコニア工具はアルミナ系よりも高強度・高靭性であるが，鉄系合金に対して著しく摩耗しやすい。超耐熱合金などの難切削材の切削には適しているが，鉄系合金の切削には，Si が Fe と反応するため使用すべきでない。ジルコニアの特性を**表4.9**に示す。

表4.9 ZrO_2 の特性

安定使用温度 〔℃〕	耐熱衝撃温度 〔℃〕	熱膨張係数 〔$\times 10^{-6}℃^{-1}$〕	熱伝導率 〔W/mK〕
800	360	8.7	1.9
硬さ 〔HV〕	曲げ強さ 〔MPa〕	破壊靭性 〔$MPa \cdot m^{1/2}$〕	体積固有抵抗 〔$\Omega \cdot cm$〕
1 200	1 080	9 ～ 10	10^{10}

（技術カタログ：ファインセラミックス，東芝部品材料事業本部
ファインセラミックス・データブック，工業材料，第33巻第9号，
p.147，日刊工業新聞社（1985））

4.3.4 窒化アルミニウム

窒化アルミニウム（AlN）は常圧焼結法で製造できるので，種々の形状のものが量産可能である。

AlN の焼結促進のために助剤として Y_2O_3 を数％添加している。これによって熱伝導性が高くなり，基板材料として実用化されている。

熱特性では BeO に劣る。しかし，BeO で問題となる毒性がこの AlN にはないので，その代替も進行している。

熱膨張率はアルミナや BeO の約2/3で，シリコンの熱膨張率に近い。そのため，大型シリコンチップの搭載に有利である。

絶縁破壊電圧も高いので，高い耐電圧を要求されるサイリスタの絶縁板に用いられる。曲げ強度はアルミナとほぼ同じくらいで，電車のサイリスタ放熱板のような機械的圧接条件でも使用されている。窒化アルミの特性を**表4.10**に

表 *4.10* AlN の特性

安定使用温度 〔℃〕	耐熱衝撃温度 〔℃〕	熱膨張係数 〔×10⁻⁶℃⁻¹〕	熱伝導率 〔W/mK〕
800	350	5.7	60
硬さ 〔HV〕	曲げ強さ 〔MPa〕	破壊靭性 〔MPa·m^{1/2}〕	体積固有抵抗 〔Ω·cm〕
1 100	490	3	10¹⁴

(佐多，田中，西岡：新しい工業材料，森北出版，p.132 (1997)
日本学術振興会第 127 委員会：先進セラミックス──基礎と応用─，
日刊工業新聞社，p.250 (1994)
技術カタログ：ファインセラミックス，東芝部品材料事業本部)

示す。

4.3.5 炭化ケイ素

Si と C の共有結合はきわめて強固であるので，難焼結性である。炭化ケイ素（SiC）は物理的にも化学的にも安定で，耐熱性，高強度，高硬度，高温高強度，耐食性など優れた性質を持ち，Si_3N_4 と並ぶ代表的なセラミックスである。

工業的な焼結法としてはホットプレス，無加圧焼結，反応焼結，Si 含浸再結晶，CVD などがある。ホットプレスによるヒータや電極，無加圧焼結によるメカニカルシールや軸受けに実用化されている。高い熱伝導率を持つうえ，熱膨張係数が低いので，耐熱衝撃性にも優れている。高温電気炉の発熱体として利用できる。

SiC 繊維強化合金，超硬工具，研磨・研削材，ガスタービン動翼・静翼・燃焼器・熱交換器，発熱体，赤外線放射体，MHD 発電用電極など多様な用途がある。

SiC の特性を**表 *4.11*** に示す。また，各種エンジニアリングセラミックスの特長および用途について**表 *4.12*** に示す。

表4.11 SiCの特性

安定使用温度 〔℃〕	耐熱衝撃温度 〔℃〕	熱膨張係数 〔$\times 10^{-6}$℃$^{-1}$〕	熱伝導率 〔W/mK〕
1 500	350	4.1	126
硬さ 〔HV〕	曲げ強さ 〔MPa〕	破壊靭性 〔MPa·m$^{1/2}$〕	体積固有抵抗 〔Ω·cm〕
2 800	540	4.6	10^2

（技術カタログ：ファインセラミックス，東芝部品材料事業本部
技術カタログ：ファインセラミックス，新日本製鐵新素材事業本部，
黒崎窯業新商品事業部）

表4.12 エンジニアリングセラミックスの特長と用途

材　質	特　徴	用　途
Al$_2$O$_3$	耐熱性，耐食性，耐摩耗性	機械部品，点火プラグ，耐熱治具 メカニカルシール，半導体部品
ZrO$_2$	高靭性，高強度，断熱性， イオン導電性，耐摩耗性	エンジン部品，刃物， 機械部品，摺動部品
2MgO·2Al$_2$O$_3$·5SiO$_2$	低熱膨張性，断熱性， 耐熱衝撃性	排ガス浄化用ハニカム触媒担体， ミサイル用ノーズコーン
3Al$_2$O$_3$·2SiO$_2$	耐熱性，耐食性， 低熱膨張性，耐熱衝撃性	バーナノズル，炉芯管， キルン用ローラ
AlN	高熱伝導性，高絶縁性， 耐熱性，耐食性	放熱基板部品， 絶縁部品，
Si$_3$N$_4$	高靭性，高強度，耐摩耗性， 耐熱衝撃性，耐食性	ガスタービン翼，エンジン部品， 定盤，機械部品，ベアリング
c-BN	高硬度，高熱伝導性	切削工具チップ，研磨剤
B$_4$C	高硬度，高熱伝導性， 中性子吸収能	超硬工具，サンドブラスト用ノズ ル，ゲージ類，原子炉制御材料
SiC	耐熱性，耐食性，耐摩耗性， 高熱伝導性，高硬度	機械部品，エンジン部品， メカニカルシール，研磨剤
TiC	高硬度，耐摩耗性，切削性	サーメット切削工具

（技術カタログ：ファインセラミックス，東芝部品材料事業本部）

4.4　光学材料としてのセラミックス

　ガラスの具体的な定義では「透明性，屈折率の二大機能をもって，これに加えてきわめて優れた加工性を持つ材料がガラスである」といえる。

　ガラスは原子配列がアモルファス状態であることによって，他の素材とは異

なる独特の用途分野を形成している。また，成形しやすいこと，連続した長繊維を造れることなどの点から，情報伝達用材料としての光通信用ファイバなどに有利な材料である。また，特徴ある活性化イオンを多量に含むために，フォトクロミックガラスなどの特殊機能を持つ材料にもなる。

　実用機能の面からガラスと呼ばれているものは，酸化物系ガラスである。ソーダ石灰ガラス（Na_2O-CaO-SiO_2 系）は強度，耐熱性，耐化学薬品性，均質性，透明性という応用上の要求を満たし，板ガラスをはじめとする実用ガラスの基本となっている。この節では，透明材料としてのガラスや多結晶体について理解を深めることを目標とする。

4.4.1　強化ガラス

　ガラスが破壊するときには引張応力が作用して起きる場合が多い。この引張応力が，表面の傷（**griffith flaw** という）に応力集中して破壊に至る。板ガラスの場合には，この表面の傷がまったくないものを製造することは不可能である。それゆえ，ガラスの表面にあらかじめ圧縮応力をかけておくと，破壊時の引張応力がかかるまでにより大きな負荷を要するので強化することができる。

〔**1**〕　**風冷による強化法**　　板ガラスの強度を上げるのに，物理的方法としての急冷強化法が用いられる。この方法はガラスの表面に圧縮応力が残るようにしたもので，軟化点付近の温度（800℃）まで加熱し，両面から強制的に空気を吹き付けて急冷する。これにより，まず表面層が固化し，つぎに内部が固化・収縮するために，表面には圧縮応力が生成する。この圧縮応力の値は数百 MPa にもなる。しかし，この板厚方向の応力勾配が緩いために，強化が可能となるまでの応力差を持たせるために板厚は 3 〜 5 mm 以上が必要とされている。自動車の窓ガラスのように，軽量化のため薄い板ガラスが要求される場合は，冷却速度が空気の 2 倍にもなるシリコーンオイルを使って油冷し，2 mm の板厚でも強化が可能にしている。

　風冷強化したガラスで，表面からの傷が深くなり，表面圧縮応力層を突き

破ってその内部の引張応力層に達すると，ガラス全体が一気に粉々に破壊される。自動車のフロントガラスが粉々に割れて視界が一瞬のうちに失われることを防止するために，ガラスの一部分の強化を緩くして安全性を保つ工夫がされている。

〔2〕 **イオン交換による強化法**　表面に圧縮応力を生じさせるもう一つの方法として，ガラス表面をイオン交換によって膨張させようとする化学的強化法というものがある。

イオン交換前の母ガラス（組成：$Na_2O \cdot 0.6\ CaO \cdot 4\ SiO_2$）を高温で硝酸カリウムの溶融塩と接触させ，ガラス中に含まれる直径の小さい Na イオン（イオン半径：0.096 nm）と溶融塩中に存在する別種の直径の大きい K イオン（イオン半径：0.133 nm）とのイオン交換を起こさせる。

Na イオンが完全に K イオンに置換されると体積が1割程度膨張することになるが，実際には 80% 程度しか置換されない。この方法を板ガラスに適用するにはコスト高になるので，時計のハードガラス，眼鏡レンズ等にのみ用いられている。

4.4.2　耐熱性ガラス

通常のガラスの軟化点は 500 〜 550℃ である。耐熱衝撃性も低く，70℃ 以上の温度から 0℃ の水中に急冷すると割れてしまう。この軟化点と耐熱衝撃性を高くしたガラスを**耐熱ガラス**と呼ぶ。

高軟化点を持つガラスの構造は，製造上必要なアルカリイオンあるいはアルカリ土類イオンを含みながら，構造的に弱い部分のない三次元網目状構造を持ったガラスということになる。

セラミックスは熱伝導が小さいため，急熱急冷によって温度差ができやすい。この温度差があると，熱膨張の差によって熱応力が生じる。この熱応力が破壊応力を超えるとクラックが生じ破壊に至る。熱応力を小さくするには低熱膨張率にすることである。低熱膨張のガラスにすると，急熱急冷に耐えるガラスとなり，耐熱衝撃性があるガラスになる。低熱膨張率にする条件と，高軟化

点の条件とは重なっているので，高軟化点ガラスをめざして造れば耐熱性ガラスが得られる。

　一般のガラスやセラミックスの熱膨張係数は約 40 ～ 200×10^{-7}℃$^{-1}$ 程度であり，これより小さい熱膨張係数を示すガラスを**低熱膨張ガラス**と呼ぶ。この代表的なものは，パイレックスの商標で知られているホウケイ酸塩ガラス（その膨張係数は 32×10^{-7}℃$^{-1}$）である。極低熱膨張ガラスとしては SiO$_2$ ガラスで，その膨張係数は 5.5×10^{-7}℃$^{-1}$ 程度である。

〔**1**〕　**アルミノシリケートガラス**　　**表4.13** で示されるような組成を持つアルミノシリケートガラスは，このような耐熱性ガラスの条件を満たすものとして造られた。その軟化点は 900℃ である。

表4.13　アルミノシリケートガラスの組成

SiO$_2$	Al$_2$O$_3$	MgO	CaO	B$_2$O$_3$	Na$_2$O
60.0%	18.5%	7.9%	7.3%	5.1%	1.1%

（安井，川副：材料テクノロジー 14　高機能性ガラス，東京大学出版会，p.170（1985））

アルミの代わりにボロンで置き換えたボロンシリケートガラスも同様な耐熱性を示す。しかしより高温の使用条件では，結晶化ガラスが適用される。

〔**2**〕　**結晶化ガラス**　　溶融・成形・徐冷したガラスを，再度加熱することによって結晶集合体（一種のセラミック）となったものを**結晶化ガラス**と呼ぶ。溶融によって造られるので，表面が平滑で気孔のない緻密なものとなる。

　低膨張率の結晶化ガラスとしては β-石英（SiO$_2$）と，β-スポジュメンとがある。その組成は**表4.14**に示すようなものである。また，結晶化ガラスの特徴および用途を**表4.15**に示す。

表4.14　β-スポジュメンの組成

SiO$_2$	Al$_2$O$_3$	Li$_2$O	MgO，ZnO	TiO$_2$，ZrO$_2$	BaO，CaO
62%	21%	3%	7%	3.5%	2%

（安井，川副：材料テクノロジー 14　高機能性ガラス，東京大学出版会，p.164（1985））

表 4.15 結晶化ガラスの特徴および用途

特　　徴	用　　途
膨張係数が自由に制御できる	ラインスペーサ
耐熱性が高い	ヒューズ管
機械的強度が高い	各種絶縁管
完全な気密性が得られる	耐熱食器
精密加工が可能である	感圧センサ用基板
表面光沢がよいものが得られる	
結晶化時の収縮が小さい	
比重が小さい	
電気絶縁性が高い	

4.4.3 光ファイバ

透光性はガラスの基本的な特性である。**光ファイバ**はこの基本特性の極限を実現した材料である。

光通信に使われる光の波長帯域は $0.8 \sim 2\ \mu m$ の近赤外領域である。この領域での伝送損失は，高エネルギー側でのレイリー散乱と紫外吸収により，また低エネルギー側の損失は，赤外吸収によって影響を受ける。このほか，残存する OH 基の分子振動に基づく吸収や，不純物として混入している遷移金属や，希土類元素の電子遷移に基づく吸収などが重なって損失を増やしている。**レイリー散乱**では，波長の 4 乗に比例して透過光が減少し，赤外吸収では $1.5\ \mu m$ 以上の波長から吸収が急増する。両方の伝送損失から，窓となる透過域は $0.8 \sim 1.6\ \mu m$ の波長になる。最低損失は，波長 $1.55\ \mu m$ の光に対して $0.2\ dB/km$ である。これは，1 km 伝播したときの減衰が 4.5% であることに相当する。

光ファイバは，ファイバの一端に入った光がガラスの内表面で全反射を繰り返しながら他端に到達するようにしたものである。そのためには半径方向に屈折率分布を持つようにしている。分布の形状は，連続分布のものと階段状分布のものとがある。中心部（コア）の屈折率 n_1 と周辺部（クラッド）の屈折率 n_2 との間には，$n_1 > n_2$ の大小関係が成り立ち，境界面への入射角を臨界角よりも大きくする必要がある。両者の屈折率差は $(n_1 - n_2)/n_1 \fallingdotseq 0.01$ 程度である。入射光の広がりを抑えるために，コアの径は数 μm 以下でなければならない。

　光ファイバ用材料は，**化学気相法**（CVD：chemical vapor deposition）によって造られる。実用化された石英ガラスファイバのコアは，SiO_2 をベースにして GeO_2 を添加したもので，クラッドは SiO_2 や SiO_2 に B_2O_3 などを添加したものである。ファイバの直径は 0.1〜0.5 mm 程度である。また，表面が傷つくとそこから光が外部へ散乱され，伝播する光が激減する。それを防ぐために，表面をハードライニングしている。

　光ファイバの特徴はつぎのようなものである。

1)　　低損失，広帯域であるために，長距離の高速大容量通信が可能。

2)　　電磁誘導雑音を拾わない。

3)　　軽量かつ細径であるために，敷設のスペースが少なくてすむ。

4)　　豊富にある天然資源を少量しか使わない。

　なお，光伝送システムとして考えるとき，長尺で均質であるという点および接続が可能であるという点が重要になる。

4.4.4　フォトクロミックガラス

　フォトクロミックガラスとは，外界の光の強弱に対してガラスの色が変化する光酸化・還元現象を利用した調光ガラスである。

　このガラスは，Na_2O-B_2O_3-SiO_2 系がおもに用いられる。それにハロゲン化銀微結晶の原料として Ag，Cl，Br などが添加される。その組成を**表 4.16** に示す。

表 4.16　フォトクロミックガラスの組成

SiO_2	B_2O_3	Na_2O	Al_2O_3	Li_2O	Ag	Cl	CuO
58.8%	20.6%	4.7%	9.8%	4.3%	0.5%	1.5%	0.015%

（安井，川副：材料テクノロジー14　高機能性ガラス，東京大学出版会，p.172（1985））

　熱処理によって析出した AgCl の微細な結晶は本来透明なものである。粒径が 20 nm になると半透明になってしまうので，透明であるためには析出した結晶の大きさが約 10 nm 前後でなければならない。原ガラスでは，Ag^+，Cl^- として個々に溶解していたものが，熱処理によって AgCl コロイドとなる。

　光を照射すると AgCl は分解して Ag^+ の金属イオンが微結晶を中心に還元集合し，光を吸収するほどの大きさのコロイドに成長して暗色化する。Cl^- は，ガラス構造中に閉じ込められていて拡散して逃げることができないので，光の照射が終わると Ag^+ と結合して，透明な AgCl 結晶に戻る。

$$n\ AgCl\ (透明結晶) \Longleftrightarrow n\ Ag^+ (暗灰色の金属) + n\ Cl^-$$

　光の照射の代わりに電圧の印加や電流の導通を行うことによって発現する着色現象は**エレクトロクロミック**と呼ばれ，エレクトロクロミックガラスも調光ガラスとして実用化されている。

4.5　耐熱材料としてのセラミックス

　セラミックスのなかで**耐火物**（refractories）は，JIS に「耐火性という点について，およそ 1 500℃ 以上で軟化・溶融する非金属物質またはその製品」と定義されている。重量物および粗粒で構成されている材料を耐火物と呼び，微細粒で構成されている材料を**耐熱セラミックス**と呼び分けることがある。

　鉄鋼技術が発展するにつれて，高性能の耐火物が要請されるに至り，不純物の多い天然の原料を用いて造られていた既存の耐火物では対処できなくなった。その要求に応じるために，十分に精製した天然原料や高純度の人工原料を用いて，組成を制御した新しい耐火物が造られるようになってきた。

　その材質も従来の耐火物の主流を成していた酸化物に加えて，炭化物，窒化物，ホウ化物，ケイ化物などの非酸化物系，さらにそれらの複合系のものまで取り入れられるようになってきた。この節では，これら高温材料について理解を深めることを目標とする。

4.5.1　耐　　火　　物

　一般に耐火物に要求される特性は，高温強度（圧縮強さ，クリープ強さ），耐摩耗性，耐腐食性，耐熱衝撃性などである。使用条件によっては高熱伝導性あるいは断熱性が求められることもある。

耐火物は大きく分けて定形耐火物と不定形耐火物に分類される。このうち直方体に成形した定形耐火物を一般に**れんが**と呼んでいる。

焼成れんがとは，成形した生れんがを焼成処理して製品としたもので，骨材をケイ酸塩からなるマトリックスで結合した構造になっているものが最も一般的なものである。このほかにも直接結合型といって，高耐火性の骨材粒子を相互に直接結合させた構造のものが造られている。

含浸れんがとは，焼成れんがの気孔中に酸化クロムやタールなどの少量成分を，浸入含有させたものである。

不焼成れんがとは，適当な化学結合剤を混ぜて高圧成形し，焼成しないものである。塩基性れんがに対して開発された製法で，ふつう外周を鋼板で囲んである。

用いられる骨材の主成分によって，つぎの三つに分けられる。

1）　**酸性耐火物**　　SiO_2 成分をベースとしたケイ石れんが，SiO_2 成分にわずかな Al_2O_3 を添加した半ケイ石質れんが，Al_2O_3-SiO_2 系の粘土質（ろう石れんが，シャモットれんが），ZrO_2-SiO_2 系のジルコン質れんが。

2）　**中性耐火物**　　Al_2O_3 成分をベースとした高アルミナ質れんが，（MgO，FeO)-(Cr_2O_3, Al_2O_3) 系スピネル，SiC 成分をベースにした炭化ケイ素質れんが，黒鉛れんが。

3）　**塩基性酸化物**　　MgO-SiO_2 系のフォルステライト質れんが，MgO 成分をベースとしたマグネシア質れんが，一部 Cr_2O_3 などを含むクロム・マグネシア質れんが，CaO-MgO 系のドロマイト質れんが。

これら耐火物の分類とその特性をまとめると，**表4.17**のようになる。

耐火物を選ぶ場合，留意すべき事項はつぎのようなものである。

（1）　酸性および塩基性の耐火物を，高温で直接隣り合わせに接触して使用すれば，容易に反応して崩壊する。これを防ぐには，その間に炭素系の中性耐火物をはさんで絶縁することが必要である。

（2）　気孔率の値が大きいほど耐食性，耐熱性，強度の点で劣るが，比重は軽くなり，断熱性に優れる。鋳造れんがとは，配合原料をアーク炉で溶

表4.17 耐火物の分類

種　　類	主成分	耐火度	特　　　　　性
ケイ石質	SiO_2	31 ~ 33	耐酸性，高温強さ優，耐摩耗性良 耐圧強さ大，比重小
ロー石質	SiO_2, Al_2O_3	25 ~ 32	耐酸性，通気率小，耐圧強さ小
シャモット質	Al_2O_3, SiO_2	28 ~ 34	耐酸性，品質範囲大，熱伝導率小
高アルミナ質	Al_2O_3, SiO_2	35 ~ 40	耐摩耗性良，耐火度大
純アルミナ質	Al_2O_3	38<	耐摩耗性優，耐圧強さ大，熱伝導率大， 耐火度大，荷重軟化点高
ジルコン質	ZrO_2, SiO_2	36<	耐摩耗性良，耐圧強さ大
炭化ケイ素質 （粘土結合質）	SiO_2, Al_2O_3 SiC	31 ~ 33	還元雰囲気に強い，耐摩耗性良 耐圧強さ大，熱・電気伝導率大
炭化ケイ素質 （再結晶質）	SiC	36<	耐摩耗性優，荷重軟化点高 耐圧強さ大，熱伝導率大，多孔質
炭素質 （粘土結合質）	SiO_2, Al_2O_3 C	31 ~ 33	中性，高温酸化に弱い，耐摩耗性劣 荷重軟化点高，熱伝導率大
炭素質 （炭素結合質）	C	37<	中性，高温酸化に弱い，耐摩耗性劣 熱・電気伝導率大，耐圧強さ大
クロム質	Cr_2O_3, Al_2O_3 MgO, Fe_2O_3	37<	中性，還元雰囲気に弱い 耐圧強さ小
クロマグ質	Cr_2O_3, MgO Al_2O_3	37<	耐塩基性，熱伝導率大 品質範囲大
マグクロ質	MgO, Cr_2O_3 Al_2O_3	37<	耐塩基性，熱伝導率大 品質範囲大
マグネシア質	MgO	37<	耐塩基性，熱伝導率大，耐圧強さ小， 温度急変・水蒸気に弱い
ドロマイト質	MgO, CaO	37<	耐塩基性，熱伝導率大，耐圧強さ大， 水蒸気に弱い

（岩井，尾山，満尾：鉄鋼概論（鉄鋼），鉄鋼短期大学人材開発センター，p.114
（1975））

　　融した後，型のなかに鋳込んで造られる特殊なもので，他の耐火物とは
　　違って均質で緻密で気孔はほとんどない。

（3）　温度の急変のために，れんがに亀裂が入り破損する現象を**熱的スポー
　　リング**という。急熱・急冷に対する**耐スポーリング性**（**熱衝撃抵抗性**と
　　もいう）が大きいことが重要である。

（4）　連続しての使用であれば，高温における荷重軟化を示すクリープ性が

　　問題となる。間欠的な使用であれば，熱膨張や熱間の強さが大であることや急熱・急冷に対する抵抗性が問題となる。

（5）　耐火物の損傷のみならず，生成物の組成に基づく特性への影響を少なくするうえで，ガスや溶融物と反応しないことは重要である。

（6）　熱伝導性の小さいほうが熱経済性の点でよいと考えられる。しかし，溶損の激しいところでは，熱経済性よりも冷却によって侵食を防ぐために，熱伝導性の大きいものを採用する。

（7）　原料や溶融物の移動・衝撃・流動による摩耗や，溶損を受けやすいところに使用される耐火物に対しては，摩耗強度が大きいことが必要である。

表4.18　繊維質断熱材の特性と用途

種　類	特　性	用　途
ロックウールおよびスラグウール	600℃まで使用可	保温板，保温筒
グラスウール	700℃まで使用可，低吸湿性，耐薬品性，難燃性	換気ダクト，冷温水配管の断熱材，排気筒用の不燃断熱材
チョップドストランドガラスペーパー	低密度，寸法安定性，化学的安定性，低吸湿性，低熱伝導率，電気絶縁性	熱および電気絶縁材料
チタン酸カリウム繊維質	表面平滑性，寸法安定性，耐摩耗性	アスベストの代替品
セラミックファイバ	1 260℃の連続使用可，1 450℃まで使用可，低吸湿性，高電気絶縁性	ジェットエンジンの耐熱部品，バーナの断熱材，化学装置の断熱材
シリカ・アルミナ繊維質	1 400℃まで使用可，高屈曲強度，寸法安定性	高温炉用断熱材
アルミナ繊維質	1 700℃まで使用可，耐熱衝撃性，低熱伝導性，軽量，易加工性	高温炉用断熱材，バーナ台のタイル，窯炉のライニング
ジルコニア繊維質	2 000℃まで使用可高断熱性，耐衝撃強さ，耐熱疲労性，軽量	セラミック焼成炉，冶金炉，加熱炉

（最新複合材料・技術総覧：編集委員会構造・プロセシング・評価，産業技術サービスセンター，p.177，p.178（1990））

（8）　完全とはいえないが，**耐火度**と呼ばれる SK 値も選定の指標となりうる。

　　　ゼーゲルコーンと呼ばれる標準三角錐と同じ形に造られたテストピースが，高温で溶融物を多量に生成して曲がり，基盤の上に頭部をつけるときの温度を示すのが **SK 値**である。

表4.19　粉末質断熱材の特性と用途

種　　　類	特　　　性	用　　　途
ケイ酸カルシウム保温材	850℃まで使用可	低温用断熱ブロック
バーミキュライト保温材	1 000℃まで使用可	高温用断熱材，軽量骨材
パーライト保温材	600℃まで使用可	LNG・LPG タンクの保冷材，液体酸素・窒素タンクの保冷材

（最新複合材料・技術総覧編集委員会：構造・プロセシング・評価，産業技術サービスセンター，p.179（1990））

表4.20　多孔質断熱材の特性と用途

種　　　類	特　　　性	用　　　途
発泡ガラス断熱材	−200〜420℃で使用可	保冷材，建築用断熱材
セラミックフォーム断熱材	−200〜700℃で使用可 安価，吸音性	断熱材
メタルフォーム断熱材	500℃まで使用可，吸音・遮音性，低比重，易加工性，不燃性	断熱材，防音材，電磁波シールド

（最新複合材料・技術総覧編集委員会：構造・プロセシング・評価，産業技術サービスセンター，p.180（1990））

表4.21　物質の熱的物性

物質名	融点〔℃〕	熱膨張係数〔$\times 10^{-6}\,\mathrm{K}^{-1}$〕	熱伝導率〔$\mathrm{W/cm \cdot K}^{-1}$〕
Al_2O_3	2 050	8.5	0.4
SiO_2	1 710	0.5	0.01
SiC	2 830	5.1〜5.8	0.6〜1.6
Si_3N_4	2 000	3.3〜3.6	0.15〜0.2
TiC	3 140	7.6	0.15〜0.2
MgO	2 800	13.5	0.6

（水田，河本：材料テクノロジー13　セラミックス材料，東京大学出版会，p.35，p.40，p.45（1986））

4.5.2 断　熱　材

断熱材には，繊維質断熱材，粉末質断熱材，多孔質断熱材などがある。それらの特性とその用途について**表4.18〜表4.20**に示す。

4.5.3 各種材料の熱的物性

これらについては**表4.21**にまとめて示す。

───── コーヒーブレイク ─────

コーヒーカップについて，ちょっとだけ調べてみませんか？

古来，洋の東西を問わず，陶工たちの非凡な才能によってアートセラミックスとして造り出されてきた陶磁器は，時を越え有名な窯元が伝統を受け継ぎ，また，独自の工夫を凝らして見事な作品となり，人々を楽しませてくれる。

有史以前の石器時代，土器の時代から，世界中で広く製作されてきた器物の発展の歴史は，人類の文化の歴史でもあった。

粘土，陶土，磁土などで形を作り，窯で焼いて硬化させた製品を総称して陶磁器と呼ぶ。「やきもの」と呼ぶこともある。材質上では，土器，せっ器，陶器，磁器の4種類に分かれる。陶磁器とまとめるとき，英語では china という。

土器は，土を焼いただけの状態のもので埴輪，縄文土器，植木鉢などがこれにあたる。英語では clay という。

せっ器は，土器よりも高温で焼き，組織も緻密で水を通さない。信楽焼や備前焼が代表的なものである。英語では stone ware という。厚肉の容器となる。

陶器は，陶土を用いて成形した素地の上に釉薬をかけたもので，多くの種類がある。英語では earthen ware という。

磁器は，磁土を用いて 1 300 〜 1 500℃の高温で焼成される。釉薬がかけられて硬質である。有田焼や伊万里焼がこれにあたる。英語では porcelain という。薄肉の容器となる。

各地の窯元とその歴史を知ることは，話題提供となり，十分にコーヒータイムを楽しめる。例えば，鎌倉時代の六古窯によって代表される陶器としての常滑，瀬戸，備前，越前，信楽，丹波焼など。安土桃山時代に茶の湯の世界と結びついた楽焼。瀬戸窯から分かれていった黄瀬戸，志野，織部など。また，日本に帰化した朝鮮の陶工たちによって始められた唐津焼。九州有田地方の伊万里焼，鍋島焼，柿右衛門焼など。加賀の古九谷焼など。

演 習 問 題

【1】 光ファイバの伝送機構と伝送損失について述べよ。

【2】 ガラスの強化法について述べよ。

【3】 耐火物の選択の基準に関するつぎの説明文の空白を適当な語句で埋めよ。

① 形状，寸法が正しいこと。

② よく焼け締まっていて，[　　]の低いこと。一般にこれの値が大きいほど耐食性，[　　]性，強度の点で劣るが，比重は軽くなり，断熱性に優れる。

③ 急熱・急冷に対する抵抗が大きいこと。熱衝撃抵抗性とも[　　]性ともいわれる。温度の急変のために，れんがに亀裂が入り破損する現象を熱的スポーリングという。また，局部的な機械的ひずみ応力のために破損する現象を機械的スポーリングという。

④ 熱間の強さが大であること。連続操業であれば，高温における荷重軟化を示す[　　]性が問題となり，間欠操業であれば，[　　]や急熱・急冷に対する抵抗性が問題となる。

⑤ ガス・スラグ・[　　]に対する抵抗が大であること。

⑥ 熱膨張・収縮性の大小を考慮すること。

⑦ 熱伝導性の大小を考慮すること。熱経済性の点からは，熱伝導性の[　　]ものがよいと考えられるが，溶損の激しいところでは，熱経済性をあきらめて冷却によって侵食を防ぐ方針をとることがある。そのようなときには熱伝導性の[　　]ものがよい。

⑧ 耐摩耗性が大きいこと。冶金精錬用炉であれば，[　　]の移動・衝撃による機械的摩耗損傷の激しいところや，溶融スラグ・金属の流動による摩耗を受けやすいところがある。そのようなところに対しては，それぞれ摩耗強度が大で，気孔率が小さく，[　　]の大きいものが適当である。

⑨ 必要な耐火度を持っていること。高温で溶融物を多量に生成して曲がり，基盤の上に頭部をつけるときの温度を[　　]の番号で示し，熱効果を測定するものを[　　]といい，これによって耐火度を示すことがある。

5

複 合 材 料

　複合材料（composite materials）の定義は，「人工的に，目的に応じた機能特性を持つように，制御された材料」である。いくつかの材料を複合（composite）することで，通常の単独の材料では得られなかった優れた強度と機能が得られる。

　単独の材料は等方性材料であるのに対して，複合材料は繊維状や粒子状の強化材が母材（matrix）のなかに入っており，方向によって性質が大きく異なるのが普通であり，異方性材料とも呼ばれる。

　複合材料は強化材と母材とによって構成されるが，母材の種類によってプラスチック基（エラストマー基を含む），セラミックス基，金属基複合材料などに分けられる。また，強化材の形状によって繊維強化，粒子分散強化複合材料などにも分けることができる。いずれの場合も強化材とマトリックスとの界面の結合が最も重要である。最も重要である繊維強化方法では応力の作用方向を考えて，マトリックスのなかにロービング，マット，クロスの形状で造られたガラス，カーボン，アラミド，ボロン，アルミナ繊維などが入れられる。

　いくつかの素材を合体させて一つの複合材料とした合体系に対して，天然の複合組織は生成によって造り上げられている。この点で，強化材と母材との界面が理想的に結合されている。この生成系のものとしては，一方向凝固共晶合金とか傾斜機能材料などがある。

5.1　プラスチック基複合材料

　エンプラは金属と比較して軽量，量産性，防錆性，着色性などの優れた点もあるが，つぎのような欠点がある。

1) 　低融点のため，耐熱性が金属に比べて低い。

2) 　機械的強度，特に剛性が低い。

3) 　熱膨張係数が大きく，寸法安定性が悪い。

4) 　耐クリープ性などの耐久性が劣る。

これらの欠点を補う手段として，複合化による強化・改質が行われる。一般に，プラスチック基複合材料は樹脂，強化材および副原料より構成される。

強化材として繊維を用いたプラスチック基複合材料を**繊維強化プラスチック**（FRP：fiber reinforced plastics）と呼んでいる。

使われる glass-fiber，carbon-fiber，aramid-fiber の頭文字をつけて，GFRP，CFRP，AFRP と区分けすることもある。また，樹脂の種類である**熱硬**

表*5.1* 　FRP 用各種樹脂の種類と記号

熱硬化性樹脂	記号	熱可塑性樹脂	記号
不飽和	UP	ポリアミド	PA
ポリエステル		ポリアミドイミド	PAI
エポキシ	EP	ポリカーボネート	PC
フェノール	PF	ポリブチレンテレフタレート	PBT
ポリイミド	PI	ポリフェニレンサルファイド	PPS
		ポリエーテルスルホン	PES
		ポリエーテルエーテルケトン	PEEK

（金原：通信教育　新・複合材料技術講座　No.4 プラスチック系複合材料とその応用，p.9，日刊工業新聞社）

表*5.2* 　FRP 用各種強化繊維

無　　機　　系
ガラス繊維（E-glass，C-glass，S-glass）， 炭素繊維（PAN 系，レーヨン系，ピッチ系）， ステンレススチール繊維，ボロン繊維（Boron，Borsic）， アルミナ繊維，炭化ケイ素繊維，チラノ繊維，シリカ繊維

有　　機　　系
超高強度ポリエチレン繊維（Dyneema，Spectra，Tekmilon）， アラミド繊維（Kevlar，Technora），耐高温ナイロン繊維（NOMEX）

ウ　ィ　ス　カ　ー
炭化ケイ素，アルミナ，チタン酸カリウム，グラファイト， 金属（W，Be，Cu，stainless steel）

化性樹脂（thermo-set plastics），**熱可塑性樹脂**（thermo plastics）の頭文字を
つけて，FRTS，FRTP，GRTS，GRTP などと表すこともある。マトリックス
としての樹脂は，**表5.1** に示すものが使用されている。また，強化材として
は，**表5.2** に示すものがロービング，クロス，マットなどの形で使用されて
いる。この節では，FRP を中心にプラスチック基複合材料の特性について理
解を深めることを目標とする。

5.1.1 FRP の 製 造

FRP では，マトリックスとして不飽和ポリエステル（UP）が最も多く使わ
れる。ついで，高価で取り扱いもやや難しいが，性能のよいエポキシ樹脂
（EP）が使用される。これらの樹脂にガラス繊維や炭素繊維またはアラミド繊
維などの強化材をロービング，クロスまたはマット状で複合させる。所望の形
状にされた樹脂は重合反応を起すことによって硬化する。

　複合化による利点と欠点とを**表5.3** に示す。

表5.3 FRP の特徴

利　　点	欠　　点
比強度が高い	繊維と直角な方向の強度が低い
繊維による熱変形の抑止効果が大	マトリックスの低い耐熱性が支配する
成形加工性が優れている	表面硬度が低いままである
寸法安定性がよい	繊維コストが高く，競合材料が多い
多機能化が可能である	廃棄する際の処理がやっかいである

表5.4 に FRP の各種成形方法を示す。マトリックスと強化材との組み合わ
されたものを硬化する方法にはバッチ方式と連続的に硬化させる方式とがあ
る。

　バッチ方式にはオープンモールド法とクローズドモールド法とがある。

　オープンモールド法には接触圧成形，真空バッグ成形，加圧バッグ，オート
クレーブなどといった加圧方法の違いはあるが，これらをまとめた**ハンドレイ
アップ法**（積層そのものは手作業によって行われる），ロービングを切断して
樹脂と一緒に型に吹き付ける**スプレーアップ法**，樹脂を含浸させた連続繊維を

表5.4 FRP の各種成形方法

オープンモールド法	
ハンドレイアップ法	型に離型剤を塗布し，ガラス繊維のマットやクロスに，樹脂をロールで含浸させ，必要な厚さや強度まで積層する
スプレーアップ法	型に離型剤を塗布し，スプレーガンを用いて，樹脂とガラス繊維とを一緒に吹き付け，ロールアップし型になじませる
フィラメントワインディング法	樹脂を含浸したガラスロービングを，マンドレル（芯金）に張力をかけて巻きつけ硬化させる
加圧バッグ法	ガラス繊維と樹脂との積層したものに，上から厚手のゴム袋に空気を吹き込んで加圧する
真空バック法	ガラス繊維と樹脂との積層したものの上から，フィルムで密閉して，内部の空気を抜き大気圧で加圧する
オートクレーブ加圧法	ガラス繊維と樹脂とを積層したものを，オートクレーブ中で加圧・加熱する
遠心（回転）法	樹脂を含浸したマットやクロスを回転円筒状の中に入れ，回転させて，型の内側に遠心力で押付けて硬化する

クローズドモールド法（マッチドダイ成形法）	
プリフォーム法	ガラスマットを金型に合わせプリフォームし，樹脂を注いで加圧・加熱して成形する
BMC 法 （Bulk-Molding-Compounding）	あらかじめ混練し，流動性をよくした成形材料（BMC）を，トランスファ成形や，射出成形する
SMC 法 （Sheet-Molding-Compounding）	プリプレグのシート状成形材料（SMC）をプレス成形する
R/I法 （Resin Injection） または（Resin Transfer Molding）	あらかじめ型のなかにマットやクロスをセットし，樹脂を移送して，低温で硬化させる
RIM 法 （Reaction-Injection-Molding）	射出成形の型内で，2 液を混合して注入し，発泡硬化反応を起こさせて硬質フォームを成形する

連続成形法	
連続積層成型法	樹脂を含浸したチョップドストランドマットまたはクロスを，2 枚の離型用フィルムに挟み，型の間を通して連続的に成形し，加熱硬化させる
連続引抜き成形法	樹脂を含浸させたロービングを，所定の断面形状をした金型のなかを通して，連続的に加熱・硬化させながら引き抜く

（最新複合材料・技術総覧編集委員会：構造・プロセシング・評価，「最新複合材料・技術総覧」，産業技術サービスセンター，pp.32-33（1990））

型に巻きつける**フィラメントワインディング法**，遠心力を利用して型の内面に置いたマットに樹脂を均一に含浸させる**遠心成形法**とがある。

クローズドモールド法は**マッチドダイ成形法**ともいわれ，プレスを用いる機械成形法である。プリフォーム法はあらかじめ成形品の形にガラスマットを成形し，プレスの金型の上に載せ，樹脂を流し込んでから加熱加圧によって硬化させる方法である。SMC（sheet molding compound）は成形材料を型内に挿入してプレス成形をする。BMC（bulk molding compound）は射出成形による成形を指向したものであるが，プレス成形法やトランスファ成形法も用いられる。

連続的な成形法は，パイプや異形材などを連続的に引き抜いて硬化させる**連続引抜き成形法**（pultrusion 法），平板や波型などを連続的に積層して硬化させる連続積層成形法などがある。

プリミックスの成形には射出成型機を使うほうが成形サイクルを短くすることができる。自動車部品や電気部品を中心に行われている。

5.1.2　異方性と積層

繊維を同一方向に並べてマトリックスで固めた断面積 A の一方向強化単層板シートの場合について考えてみる。

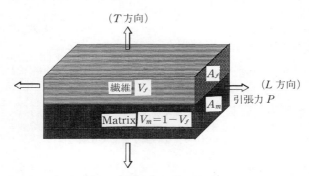

図 5.1　一方向強化材のモデル（大蔵，福田，香川，西：材料テクノロジー 17　複合材料，東京大学出版会，p.44（1984））

　一方向強化材の繊維を 1 ヶ所に寄せ集めると**図5.1**のようになる。

　V_f は繊維の**体積含有率**（volume fraction）と呼ばれ，全体積に占める繊維の割合である。マトリックスのそれを V_m とすれば，$V_m = 1 - V_f$ となる。

　いま，この材料が繊維に平行な方向（L 方向）に引張力 P を受けるとき，繊維とマトリックスは互いにすべることなく同じ伸びひずみ ε_L を受けるとする。繊維とマトリックスの弾性率をそれぞれ E_f，E_m，断面積を A_f，A_m，応力を σ_f，σ_m とする。このとき

$$V_f = \frac{A_f}{A} = \frac{A_f}{(A_f + A_m)}$$

$$V_m = \frac{A_m}{A} = \frac{A_m}{(A_f + A_m)}$$

$$P = \sigma_f A_f + \sigma_m A_m$$

である。複合材料の受ける L 方向の平均引張応力 σ_L は

$$\sigma_L = \frac{P}{A} = \sigma_f\left(\frac{A_f}{A}\right) + \sigma_m\left(\frac{A_m}{A}\right) = \sigma_f V_f + \sigma_m V_m$$

これが「**応力に関する複合則**」と呼ばれる式である。

　P によって繊維もマトリックスも同じひずみ ε_L を受けているから

$$\frac{\sigma_f}{\varepsilon_L} = E_f, \qquad \frac{\sigma_m}{\varepsilon_L} = E_m$$

である。L 方向の弾性率は

$$E_L = \frac{\sigma_L}{\varepsilon_L} = \frac{(\sigma_f V_f + \sigma_m V_m)}{\varepsilon_L}$$

$$= \left(\frac{\sigma_f}{\varepsilon_L}\right)V_f + \left(\frac{\sigma_m}{\varepsilon_L}\right)V_m = E_f V_f + E_m V_m$$

これが「**L 方向の弾性率に関する複合則**」と呼ばれる式である。

　繊維に垂直な方向（T 方向）の場合の弾性率（E_T）については，応力（σ_T）をかけたときの繊維のひずみ ε_{Tf}，マトリックスのひずみ ε_{Tm} を計算する。

$$\varepsilon_T = \frac{\sigma_T}{E_T}, \qquad \varepsilon_{Tf} = \frac{\sigma_T}{E_f}, \qquad \varepsilon_{Tm} = \frac{\sigma_T}{E_m}$$

V_f を考慮すると，複合材料としての応力-ひずみ関係が得られて

$$\varepsilon_T = (\varepsilon_{Tf}) V_f + (\varepsilon_{Tm}) V_m$$

$$\varepsilon_T = \frac{\sigma_T}{E_T} = \left(\frac{\sigma_f}{E_f}\right) V_f + \left(\frac{\sigma_T}{E_m}\right) V_m = \sigma_T \left(\frac{V_f}{E_f}\right) + \frac{\sigma_T V_m}{E_m}$$

よって

$$\frac{1}{E_T} = \frac{V_f}{E_f} + \frac{V_m}{E_m}$$

が求められる。これが「**T 方向の弾性率に関する複合則**」と呼ばれる式である。

炭素繊維（$E_f = 230\,\text{GPa}$）とエポキシ樹脂（$E_m = 3.5\,\text{GPa}$）からなる $V_f = 0.5$ の一方向強化材について計算すると，$E_L = 116.75\,\text{GPa}$，$E_T = 6.90\,\text{GPa}$ と求められる。炭素繊維／エポキシ樹脂の実測値では，$E_L = 140\,\text{GPa}$，$E_T = 10\,\text{GPa}$ となっている。計算による値でも実測値でもいずれにしても繊維に平行な方向と直角の方向とでは大きな異方性が認められる。

つぎに繊維およびマトリックスの応力-ひずみ線図を**図 5.2** に示す。繊維はマトリックスに比べて通常破断強さは大きい（$\sigma_{(fu)} > \sigma_{(mu)}$）が，破断ひずみは小さい（$\varepsilon_{(fu)} < \varepsilon_{(mu)}$）。荷重を徐々に上げていき，ひずみが $\varepsilon_{(fu)}$ に達したとき繊維が破断するが，V_f がある程度以上大きいとそのまま複合材料の破壊につな

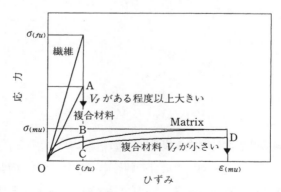

図 5.2 一方向強化材の応力-ひずみ線図（大蔵，福田，香川，西：材料テクノロジー 17 複合材料，東京大学出版会，p.52 (1984)）

がる。このときの応力-ひずみ線図は図の OA となるが，A 点の応力は

$$\sigma_L = \sigma_f V_f + \sigma_{(fu)m} V_m$$

ここで，$\sigma_{(fu)m}$ はひずみが $\varepsilon_{(fu)}$ のときのマトリックスが受ける応力である。

V_f が小さいと繊維が切れても，残ったマトリックスが荷重を支え，図の OBCD のような線図を描く。D での応力は $\sigma_L = \sigma_m V_m$ となる。V_f があまり小さい範囲で使うことは少なく，先の式だけを**強さの複合則**と呼ぶことが多い。

例えば，炭素繊維／エポキシ樹脂で $\sigma_f = 3\,000$ MPa，$\sigma_m = 50$ MPa，$V_f = 0.6$ とすると

$$\sigma_L = 1\,820 \; \text{〔MPa〕}$$

となるが，実際の繊維の強さには，相当のばらつきがあり，弱い繊維から順次切れるため，その複合材料の強さは複合則の値に達しない。

通常はこの薄い**単層**（lamina）をいろいろな角度に積み重ねて**積層材**（laminate）を造る。単層板に，その主軸と異なった方向に σ_X をかけると，垂直ひずみと同時にせん断ひずみを生じ，板は**図5.3**に示す破線のように平行四辺形になる。このような現象を，**cross elasticity effect** と呼び，等方性材料には見られない現象である。2 枚の単層板を X 軸に対して $\pm\theta$ の角度で貼り合わせた積層板を考えてみる。cross elasticity effect は生じないが，今度は

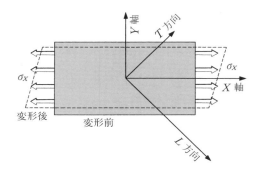

図5.3 一方向強化シートの主軸と異なった方向
への引張変形（大蔵，福田，香川，西：材料
テクノロジー 17 複合材料，東京大学出版会，
p.49（1984））

coupling effect と呼ばれる曲げやねじれが起きる。これをなくすには angle ply $(+\theta/-\theta)_S$ や cross ply $(0/\theta)_S$ といった**対称積層**（symmetry）にすればよい。

5.2　金属基複合材料

　科学技術の進歩とともに装置設備が使用される条件もきびしいものになってきた。そこに用いられる工業材料の特性に対して，より高い性能が要求されるようになってきた。金属材料の分野においても，多元系合金などの開発にも限界が見られる。従来からあった材料より優れた特性を持つ材料を造り出すためには，金属・非金属の領域を越えて数種類の材料を複合化することが最も効果的である。

　金属基複合材料（MMC：metal matrix composite）は，FRP が持つ欠点である耐熱性の低さをカバーし，FRC の脆性をもカバーすることを目的としている。大きく分けると繊維強化金属系，分散強化金属系，粒子強化金属系，クラッド材系などに分類される。この節では，これら金属基の複合材料について理解を深めることを目標とする。

5.2.1　繊維強化合金の製造方法と特性

製造法としては，**表5.5** に示すものがある。

繊維強化合金を作成するときに，つぎの技術上の問題点がある。

1）　作成中の応力による繊維の破壊。

2）　マトリックスとの化学反応による繊維強度の劣化。

3）　繊維の均一な分散。

　素材の組み合わせにより，すべての製造法が適用されるわけではなく，限定される場合もある。ウィスカーのような短繊維（Al_2O_3，B_4C，SiC，カーボン）や金属繊維（W，Mo，ステンレス鋼），無機繊維（C，B，Borsic，Al_2O_3，SiC）などと，各種金属マトリックスとを最も適した製法により複合化する。

表 5.5 FRM の各種製造法

複合材の成形法	マトリックス/繊維
溶浸凝固，無加工	Cu/W，Cu 合金/W，Al/SiO$_2$，Ag/Al$_2$O$_3$，W/Al$_2$O$_3$，Al/Al$_2$O$_3$，Ni/Al$_2$O$_3$
凝固，圧延，機械加工	Ag/Al$_2$O$_3$ ウィスカー
一方向凝固共晶	Al/NiAl，Ta/Ta$_2$C
鋳造凝固	Al 合金/SiC ウィスカー
熱間プレス	Al/B，Al/W，Ni-Cr/W
混合，冷間プレス，焼結	Co 合金/W
溶融マトリックス押出し，焼結，冷間圧延	Ni-Cr/Al$_2$O$_3$ ウィスカー
混合，押出し，焼結，圧延	Ni/Al$_2$O$_3$
析出，電気めっき	Ni/Al$_2$O$_3$，Ni/W
析出，熱間プレス	Ni/Al$_2$O$_3$
積層，拡散結合	Al/鋼線，Al/ステンレス線，Al/Be，Ti/B，Ti/Be
熱間プレス，線引き，焼結	Al/SiO$_2$

（中田：通信教育　新・複合材料技術講座　No.3 金属基複合材料とその応用，p.15，日刊工業新聞社）

　製品は比強度や比弾性が高く，耐熱性に優れた長所を持つが，複合過程が高温の場合が多いため，繊維の損傷劣化があり複合化が難しいし，繊維コストが高いという短所は避けられない。自動車エンジンの部品や航空宇宙機の耐熱構造材として応用されている。

　溶融浸透法とは，あらかじめ整列させた繊維の隙間にマトリックスとなる溶融金属を浸透させて複合材料を作成する方法である。この方法によれば，比較的繊維の配合率の高いものが得られる。

　拡散結合法とは，繊維にマトリックスとなる金属を溶射，電着または蒸着させておき，この繊維を配列させて真空中または不活性ガス中で，熱間プレスまたは熱間圧延により拡散接合させて複合材料を作成する方法である。

　粉末冶金法とは，繊維とマトリックス金属粉末とを混合し，押出しまたは圧延を行い，繊維の方向をそろえた後に焼結する方法で，不連続繊維を利用する場合に有効である。この方法では繊維の混合比率を大きくできないこと，および単に焼結したのみでは繊維とマトリックスとの間によい結合性を得られない

という欠点がある。

箔冶金法は，金属の箔と箔との間に繊維を配列させ，重ね合わせて適当な条件の下で熱と圧力を加えて複合材料を作成する方法である。

一方向凝固法は，合金の相変態の際にその熱流条件を制御することによって比較的均一な繊維分布を持つ複合材料が得られる。この方法によれば，マトリックスと繊維との結合性は非常に良好である。合金系によって，繊維の形状，体積比などが定まってしまい，自由に変化させることができない欠点もある。

5.2.2 粒子分散強化合金の製造方法と特性

$0.01 \sim 0.1$ μm 程度のセラミックスの微細粒子が金属マトリックスに分散した cermet の一種である。セラミックスと金属の複合体として，優れた耐熱合金である。マトリックスと分散微粒子の組み合わせとしては，Al-Al_2O_3，Ni-ThO_2，Cr-Al_2O_3，Mo-ZrO_2，Cu-Al_2O_3，Cu-SiO_2，Mg-MgO_2，Zn-ZnO，Pb-PbO，Be-Al_2O_3 などがある。これらは高温において安定性があり，長時間クリープ特性がよいという長所がある反面，超微粒子の製造が難しくコスト高となり，製品の塑性加工が比較的困難であるという欠点もある。

1) マトリックス金属粒子のサイズおよび形状。

2) 強化材としての酸化物粒子のサイズ，形状および含有量。

3) 強度と高温での安定性。

などが因子となって，この**粒子分散強化合金**の機械的性質を左右する。

用途はあくまでも耐熱，耐摩耗材料であり，エンジンのインサート材やジェットエンジン部品などとなっている。その製造法には，メカニカルアロイ法，表面酸化法，共沈法，溶融金属のアトマイゼーション，内部酸化法，機械的混合法，酸化還元法，熱分解法などがある。

5.2.3 一方向凝固共晶合金の製造方法と特性

共晶超合金の凝固時に，固液界面の温度勾配を一定に保ちながら凝固を制御することによって凝固方向に繊維状または層状の組織を得るもので，**in-situ**

composite と呼ばれるものである。**表5.6** に示すように分類されるものがある。

表5.6 共晶超合金

分　　類	種　　類
金属–金属	Ni-Cr, Cu-Cr, Cu-Al
金属–金属間化合物	Al-Al$_3$Ni, Al-CuAl$_2$, Ni-Ni$_3$Ti, Ni-Ni$_3$Nb, Co-Co$_3$Nb
金属間化合物–金属間化合物	Ni$_3$Al-Ni$_3$Nb, Ni$_3$Al-Ni$_3$Ta, Ni$_3$Al-Ni$_7$Zr$_2$
金属–炭化物	Ni-TaC, Co-TaC, Ta-TaC, Nb-Nb$_2$C Ni-Cr-TaC, Co-Cr-TaC
金属–酸化物	Ni-NiO
酸化物–酸化物	ZrO$_2$-Y$_2$O$_3$

（中田：通信教育　新・複合材料技術講座　No.3 金属基複合材料とその応用，p.63，日刊工業新聞社）

熱流の制御方法としては，つぎの二つの方式に大別される。どちらの場合にも試料の温度勾配と凝固速度とが組織の制御に最も影響を与える。

1)　垂直な炉を用い材料全体を加熱し，液体としたものを一端から冷却する。

2)　材料の一部分だけを加熱して，部分的に溶解させながら移動する方法で，**zone melting** 法ともいわれる。

強化繊維に相当する繊維組織とマトリックスに相当する組織とが優れた界面の接着性を持っていることが大きな特長である。凝固が化学的に平衡に近い状態で進行しているので，熱的な安定性が高い。ガスタービン動翼のような高温下で使用することを目的とした耐熱合金系には重要な特性である。

5.2.4 クラッド材

2種以上の金属または金属とプラスチックやセラミックスを貼り合わせて，それぞれの素材の持つ特性を兼ね合わせた材料である。製造法がわりと簡単だったことから，工業材料としてすでに確立され実用化されている。

製造時には温度，時間，圧力などをパラメータとした大きなエネルギーが素材に与えられて，素材の塑性変形，界面での拡散現象を起こしている。

クラッド材の製造法としては，つぎのようなものがある。

1) 鍛接法

2) 圧延法（冷間および熱間圧延法）

3) 拡散接合法

4) 爆発圧接法

5) 押出し法（冷間および熱間押出し法）

6) 焼結接合法

7) 溶着法（プラズマスプレー法）

クラッド材の応用としては，**表5.7**に示すようなものがある。

表5.7 クラッド材の応用

応　　　用	種　　　　　類	
バイメタル	6/4 黄銅/Invar，33Cu-30Mn-22Zn-15Ni 合金/Invar，72Mn-18Cu-10Ni 合金/Invar，75Fe-22Ni-3Cr 合金/Invar	
複合電線材	Al-被覆鋼線，Cu-被覆鋼線，Cu-clad アルミ線，Al-clad 銅線	
超電導線	合金系	Nb-Zr 系，Nb-Ti 系，Nb-Ti-Ta 系，Nb-Zr-Ti 系
	化合物系	Nb_3Sn，V_3Ga，V_3Si，Nb_3Al，NbN，Nb_3Ga
サンドイッチ構造材	表面材料	各種鋼材，アルミ板，アルミ合金
	芯　　材	ハニカム類，プラスチックフォーム類，セラミックフォーム類

5.3 セラミックス基複合材料

　セラミックスの場合には，金属材料のように負荷や破壊の開始に対して，加工硬化して自身の強さを改善するという機構はない。繊維による強化，粒子分散による強化の手段がとられる。セラミックス単体での機械的特性（靭性，強度，耐衝撃特性）の限界値を向上させることを目的とし，複合化が行われる。セラミックスにない導電性の付与，熱伝導率や熱膨張率といった物性の変化を目的に複合することもある。この節では，セラミックスをマトリックスとした強化複合材について理解を深めることを目標とする。

5.3.1 繊維強化セラミックス

繊維強化セラミックス（FRCer：fiber reinforced ceramics）には，繊維補強コンクリートのようなものが古くから利用されている。強化繊維が応力負担をすることが基本である。

短繊維（不連続繊維）では繊維端が材料中で応力集中源になりやすいから，繊維のアスペクト比（繊維長さ／繊維直径）についての注意が必要である。

セラミックスの破壊ひずみが小さいので，マトリックスの破壊のほうが繊維の破壊より先に起こることが多い。マトリックスであるセラミックスの弾性率が大きいので，金属繊維を強化繊維として用いた場合には FRCer の弾性率や強度は低下することが多い。FRP や FRM では弾性率や強度が向上している。

FRCer の破壊過程は，つぎのような順に起こっている。

1） 外力が作用すると，繊維とマトリックスがともに弾性的に変形し，マトリックスの最も弱い部分にひび割れが発生する。

2） 変形が大きくなりマトリックスが破壊した後にも，繊維はマトリックスが受け持っていた応力を負担する。

3） マトリックスが multiple fracture を生じ，いくつかのブロックに分断される。

4） 荷重の増加を繊維のみで受け持ち，繊維の最大応力に体積率を乗じた値が最大応力となり，これを超すと繊維の破壊になる。

不連続繊維の場合にはマトリックスが multiple fracture を生じるか，pull out を生じて破壊に至るかは，繊維の長さや，界面での接着強度またはせん断強度によって左右される。現在，応用されている組み合わせは，炭素繊維／窒化ケイ素，炭素繊維／ガラス，SiC 繊維／ガラス，鋼繊維／コンクリートなどがある。繊維表面にコーティングをして界面での接着強度を上げることも行われる。

5.3.2 粒子分散強化セラミックス

粒子分散強化セラミックス（DSCer：dispersion strengthened ceramics）は，

セラミックスのマトリックス中に数 μm 以下のセラミックスまたは金属の微粒子を分散したものである。FRCer と違って DSCer は，分散粒子の形状から異方性が少ない材料となる。分散粒子の強さを利用するのではなく，マトリックスと粒子の相互作用や粒子自身の変態を利用するものである。

Al_2O_3 の中へ ZrO_2 粒子を分散させた DSCer の強化機構は，次のような ZrO_2 が立方晶⇒正方晶⇒単斜晶へと，三つの結晶構造に相転移する性質を利用したものである。まず，亀裂先端に外部から引張応力が集中すると，近傍の立方晶 ZrO_2 が瞬時マルテンサイト型無拡散変態によって体積の大きい単斜晶 ZrO_2 に転移する。その結果，体積膨張に伴うエネルギー吸収と亀裂の先端に生じる圧縮応力によって亀裂先端の引張応力がキャンセルされ強くなる。

セラミックスのマトリックス中に金属微粒子を分散させ，マトリックスの組織を変化させることによる強化方法もある。例として，マトリックスの Al_2O_3 粒子中に Mo 粒子を分散させた後に焼結を行うと，Al_2O_3 の結晶成長が妨げられ，微細結晶組織による強度の向上が図られる。

金属粒子と材料中に生じた亀裂との相互作用で，破壊に要するエネルギーを大きくさせる方法がある。材料中に生じた亀裂が進展して金属粒子に達すると，金属粒子が塑性変形するのにエネルギーを消費し，その粒子を破断して亀裂が進むのにさらに大きなエネルギーが必要となる。分散粒子によって結晶粒界を進む亀裂の伝播経路を複雑にし，破壊に要する表面積を大きくし，材料が不安定破壊に至る大きな亀裂に成長させない仕組みである。

演 習 問 題

【1】 粒子分散系複合材料で，金属のマトリックスにセラミックス粒子を分散させた場合と，セラミックスのマトリックスに金属の粒子を分散させた場合との違いを述べよ。

【2】 繊維強化金属について，成形技術上の問題点を述べよ。

【3】 複合化の目的には，強化以外に機能化がある。機能化複合材料の例を示し，どのような仕組みでそのような機能化が図られているかを述べよ。

引用・参考文献

第1章

堀内　良・金子純一・大塚正久共訳：材料工学——材料の理解と活用のために——，
　内田老鶴圃（1992）

日本鉄鋼協会：新版鉄鋼技術講座第3巻　鋼材の性質と試験，地人書館（1977）

日本材料学会：金属材料強度試験便覧，養賢堂（1977）

第2章

幸田成康：改訂　金属物理学序論，コロナ社（1986）

山口正治・馬越佑吉：金属間化合物，日刊工業新聞社（1990）

日本金属学会：改訂5版　金属便覧，丸善（1996）

日本金属学会：改訂3版　金属データブック，丸善（1996）

鈴木秀人：よく分かる工業材料，オーム社（1996）

竹内　伸・井野博満・古林英一：金属材料の物理，日刊工業新聞社（1990）

矢島悦次郎・市川理衛・古沢浩一：若い技術者のための機械・金属材料　増補板，
　丸善（1997）

門間改三：大学基礎機械材料　改訂版，廣済堂（1997）

長岡金吾：機械材料学　改訂版，工学図書（1998）

打越二彌：図解機械材料　改訂版，東京電機大学出版局（1998）

小原嗣朗：金属材料概論，朝倉書店（1998）

日本鉄鋼協会：再結晶・集合組織とその組織制御への応用，日本鉄鋼協会（1999）

実用二元合金状態図集　金属'92/10特別臨時増刊号，アグネ（1992）

門間改三：大学基礎機械材料，実教出版（1978）

日本鉄鋼協会：鋼の熱処理　改訂5版，丸善（1969）

田中良平：新素材/新金属と最新製造・加工技術，総合技術出版（1988）

伊藤邦夫・大塚和弘・神野公行・小野修一郎：材料テクノロジー18　機能性金属材
　料，東京大学出版会（1985）

日本規格協会：JISハンドブック，JIS H 3250，JIS H 0001，JIS H 4000，JIS H 4600，
　JIS G 5501，JIS G 5502，JIS G 5705，JIS G 5101，JIS G 5102，JIS G 5111，JIS G

5121, JIS G 5131, JIS H 5120, JIS H 5202, JIS H 5301, JIS H 5303, JIS G 4401, JIS G 4403, JIS G 4404, JIS G 4305, JIS G 4312, （以上 2021 年版より）, JIS G 4308, JIS G 4312, （以上 2012 年版より）

伊藤邦夫・柴田浩司・金子純一：材料テクノロジー 11　構造材料［1］金属系，東京大学出版会（1985）

青木顕一郎・堀内　良：基礎機械材料，朝倉書店（1998）

日根文男：腐食工学の概要，化学同人（1983）

吉沢四郎・山川宏二・片桐　晃共訳：金属の腐食防食序論，化学同人（1986）

第 3 章

大石不二夫：高分子材料の活用技術，日刊工業新聞社（1979）

最新複合材料技術総覧編集委員会：――構造・プロセシング・評価――最新複合材料技術総覧，産業技術サービスセンター（1990）

瓜生敏之・堀江一之・白石振作：材料テクノロジー 16　ポリマー材料，東京大学出版会（1984）

山口章三郎・今泉勝吉・佐倉武久・松原清：JIS 使い方シリーズ　プラスチック材料選択のポイント，日本規格協会（1977）

高分子学会：入門高分子材料――高度機能をめざす新しい材料展開――，共立出版（1986）

第 4 章

水田　進・河本邦仁：材料テクノロジー 13　セラミック材料，東京大学出版会（1986）

岩井彦哉・尾山竹滋・満尾利晴：技術講座通信教育　鉄鋼概論（銑鋼），鉄鋼短期大学人材開発センター（1985）

安井　至・川副博司：材料テクノロジー 14　高機能性ガラス，東京大学出版会（1985）

技術カタログ：ファインセラミックス，東芝部品材料事業本部

技術カタログ：ファインセラミックス，新日本製鐵新素材事業本部・黒崎窯業新商品事業部

佐多敏之・田中良平・西岡篤夫：新しい工業材料，森北出版（1997）

日本学術振興会第 127 委員会：先進セラミックス――基礎と応用――，日刊工業新聞社（1994）

ファインセラミックスデータブック，工業材料第 33 巻第 9 号，日刊工業新聞社

第5章

大蔵明光・福田　博・香川　豊・西　敏夫：材料テクノロジー 17　複合材料，東京大学出版会（1984）

中田栄一：通信教育　新複合材料技術講座 No.3　金属基複合材料とその応用，日刊工業新聞社（1988）

最新複合材料技術総覧編集委員会：――構造・プロセシング・評価――最新複合材料技術総覧，産業技術サービスセンター（1990）

金原　勲：通信教育　新複合材料技術講座 No.4　プラスチック系複合材料とその応用，日刊工業新聞社（1988）

演習問題解答

1章

【1】 金属材料の場合

　化学成分は，取鍋のなかの溶湯をサンプルとして採取したものの成分である。成分元素の密度の違いにより，インゴットのトップ部位とボトム部位に成分の差ができている。圧延されて供給される素材がどの部位のものだったかの表記もなく，使用する素材そのものの成分値ではない。

　熱処理は，標準サイズの試験片で行っている。使用する素材のサイズが標準試験片と大きく異なる場合，熱処理によって示されている強度・硬さの値はそのまま使えない。質量効果の影響を考える必要がある。

　強度試験値は，標準サイズの試験片で行っている。使用する素材のサイズが標準試験片と大きく異なる場合，強度試験によって示されている強度値はそのまま使えない。サイズが大きくなると，脆化する点を考える必要がある。

高分子材料の場合

　同じ樹脂原料を使っても，成形方法が異なればその特性は大きく異なるという点に配慮が必要である。また，耐久性が低く，プラスチックの劣化やゴムの老化を考えると，製造されてからの経過時間も無視できない。

セラミックスの場合

　特性のばらつきが大きく，信頼性の点で問題が多い。製造に焼結法が用いられる限り，気泡が入ることによる欠陥の存在が使用の妨げになる。

2章

【1】 （1） 各結晶構造を持つ代表的な金属元素は以下のとおり。

　　　　体心立方格子：Li，Cr，W，Fe，Mo など
　　　　面心立方格子：Ni，Cu，Al，Ag，Au など
　　　　稠密六方格子：Mg，Ti，Co，Zr，Zn など

　　（2） $r = \dfrac{\sqrt{3}a}{4}$ より

　　　　　$\gamma = 1.2411\,\text{Å}\ (1.2411 \times 10^{-10}\,\text{m})$

（3）　**解図 2.1** のとおり。

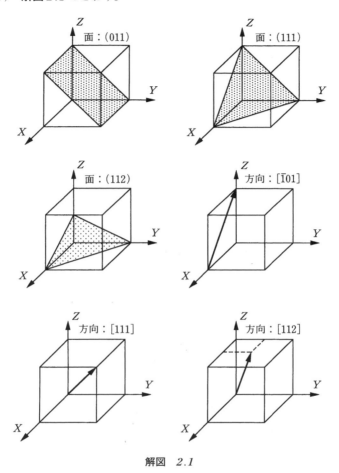

解図　2.1

（4）　**解図 2.2** のとおり。

（5）　例えば，高い加工度を与えた軟鋼を焼なましすると，微細な再結晶粒を形成させることができる。逆に，5％程度の低い加工度を与えたとき，再結晶粒は著しく粗大化される。

【2】　① 困難　　② 配列　　③ 特定　　④ 塑性　　⑤ 抵抗力　　⑥ すべり　　⑦ 加工　　⑧ すべり面　　⑨ 分散　　⑩ 向上　　⑪ 凸凹

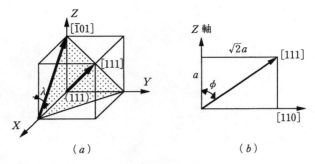

$$(a) \qquad (b)$$

すべり面 (111)，すべり方向 $[\bar{1}01]$ のすべり系は図(a)のようになる。すべり面 (111) の面法線の方位は $[111]$ であり，応力軸（z 軸）とすべり面法線 $[111]$ とのなす角度は格子定数を a とすれば図(b)のような関係となり $\phi = 54.7°$ であることがわかる。

一方，応力軸 $[\bar{1}01]$ とのなす角度は $\lambda = 45°$ であるので，したがって，求める分解せん断応力は

$$\tau = \sigma \cdot \cos\lambda \cdot \cos\phi$$
$$= 10\,\text{MPa} \cdot \cos 45° \cdot \cos 54.7°$$
$$= 4.09\,\text{MPa}$$

となる。

解図 2.2

⑫ 析出

【3】 （1） 高張力鋼 （2） ばね用鋼 （3） 窒化用鋼 （4） 高速度鋼
 （5） 快削鋼 （6） 軸受鋼 （7） ステンレス鋼

【4】 赤熱硬さと耐摩耗性をもたすために，合金元素の添加量が多い。これらの元素の炭化物を十分に固溶させるには 1 300℃ にも達する焼入れ温度が必要である。ハイスは焼戻しによって十分な硬さと強さと靭性が得られている。焼戻しによる二次硬化は，C，Cr，W，V，Mo などを過飽和に固溶した状態から，それらの炭化物の形で析出させることによって達成できる。600℃ は 2 次効果のピークを示す温度付近であり，析出しやすいために繰り返し焼戻しを行い，揺さぶりをかけたほうが効果的である。

【5】 620℃ で 30 MPa のとき

$$\dot{\varepsilon}_1 = \left(\frac{30}{25}\right)^5 \times 3.1 \times 10^{-12} = 7.71 \times 10^{-12} \quad [\text{s}^{-1}]$$

$$\dot{\varepsilon} = A\sigma^5 e^{-Q/RT}$$

620℃ で 30 MPa のとき $\dot{\varepsilon}_2$ とする。自然対数をとって

$$\ln\dot{\varepsilon}_1 - \ln\dot{\varepsilon}_2 = -\left(\frac{Q}{R}\right)\left(\frac{1}{T_1} - \frac{1}{T_2}\right)$$

$$\ln\dot\varepsilon_2 = \left(\frac{Q}{R}\right)\left(\frac{1}{T_1}-\frac{1}{T_2}\right)+\ln\dot\varepsilon_1$$

$$= \left(\frac{160\times10^3}{8.31}\right)\times\left(\frac{1}{893}-\frac{1}{923}\right)+\ln(7.71\times10^{-12})$$

$$= 0.700-25.58 = -24.88$$

$$\dot\varepsilon_2 = 15.5\times10^{-12}\ \mathrm{[s^{-1}]}$$

$$\dot\varepsilon_2 = 15.5\times10^{-12}\times10\times365\times24\times3600 = 0.00489 = 0.489\%$$

【6】 $\sigma = A + BT(20+\log t)$ より

$$200 = A + B\times800\times(20+\log 1000)$$

$$200 = A + B\times723\times(20+\log t)$$

$$800\times(20+\log 1000) = 723\times(20+\log t)$$

$$\frac{800\times23}{723-20} = \log t$$

$$t = 10^{5.45} = 281\,838.3\ （時間）$$

【7】 工業用水や海水などの Cl^- の存在する環境で，引張応力がかかる場合に，ある時間の経過後に応力腐食割れを起こす恐れがある。これは脆性破壊となるので，事故につながる恐れがある。

　C%が高い場合，加熱されると結晶粒界に Cr カーバイドを優先的に析出する。その結果，素地中の Cr%が低くなり，耐食性が低下する。この耐食性の劣化を粒界腐食と呼ぶ。特に溶接などで問題となる。

　また，不働態皮膜が環境中の塩素イオンにより局部的に破壊されて，侵食が板厚の方向に進むという孔食といった腐食現象も生じる。

3章

【1】 ① 比重　② 発泡体　③ 非晶　④ ポリカーボネート　⑤ ナイロン　⑥ 電気絶縁　⑦ 熱伝導　⑧ フッ素　⑨ 250　⑩ 塩化ビニル

【2】 （1）ベークライト，圧縮成形　（2）移送，トランスファ成形　（3）ダイカスト，射出成形　（4）連続（的），押出し成形　（5）畳，積層成形

【3】 要求される性質は，耐摩耗性，耐候性，耐疲労性，気密性，引裂強さなどに優れていることである。これらをすべて満たすゴムを選定することは容易ではないが，スチレンブタジエンゴム（SBR），ブチルゴム（IIR）がよい。

【4】 耐熱・耐寒性を要するパッキン，光ファイバの次被覆，導電性ゴムとしての電気接点，生体適合性のために医療材料などに用いられる。

【5】 （1） エポキシ樹脂系接着剤   （2） 酢酸ビニルエマルジョン系接着剤
   （3） ニトリルゴム系接着剤   （4） 嫌気性接着剤   （5） 瞬間接着剤
   （6） ホットメルト接着剤

4章

【1】 4.4.3 光ファイバの項を参照すること。

【2】 4.4.1 強化ガラスの項を参照すること。

【3】 ②　気孔率, 耐熱　　③　耐スポーリング　　④　クリープ, 熱膨張
   ⑤　溶融物　　⑦　小さい, 大きい　　⑧　固体原料, 流動
   ⑨　SK, ゼーゲルコーン

5章

【1】 ①　金属のマトリックスにセラミックス粒子を分散させた場合

   マトリックスは延性材料であり, セラミックスに比べて塑性変形量が大き
   い。セラミックス分散粒子の硬さと耐熱性によってマトリックス金属の変形
   抵抗を大きくし, 強化を図っている。特に高温でのメリットが大きい。他に
   耐摩耗性の向上を図り, サーメットとして工具材料に用いられる。

   ②　セラミックスのマトリックスに金属の粒子を分散させた場合

   マトリックスは脆性材料となるので, 破断ひずみが小さい。金属分散粒子
   の組成変形によってマイクロクラックを繋ぎ止めたり, マルチフラクチャー
   に分枝させることで, 破壊エネルギーの吸収を図り強化している。

【2】 繊維強化金属の製造にあたって, FRP の場合と大きく異なるのは, マトリッ
   クスの融点の高さである。用いられる強化繊維は, マトリックスよりも融点の
   高い金属またはセラミックスに限定される。高温で複合する過程において, 繊
   維の劣化が重要な問題となる。マトリックス金属と強化繊維金属との間の合
   金化反応が起きたり, 逆に界面のぬれ性が悪く接合強度が出ないことも多い。

【3】 力学的強度に対して, 熱的強度という言葉があるように遮熱（断熱）を目的
   に複合化する例がある。非常に高温な場合には, アブレーション塗膜を行う
   ことがある。吸収するという点では, 音響関係に多く用いられる吸音材があ
   る。逆に, 透過という点では, 電波透過能の大きいレーダアンテナ保護カバー
   としてのレドーム, X線透過能のよい CT スキャナ用のベッドなどがある。

索　引

――― 編著者・著者略歴 ―――

久保井 徳洋（くぼい のりひろ）
1968 年　東京理科大学理学部物理学科卒業
1968 年　和歌山県立大成高等学校教諭
1969 年　和歌山工業高等専門学校助手
1981 年　和歌山工業高等専門学校助教授
2007 年　和歌山工業高等専門学校退職

樫原 惠藏（かしはら けいぞう）
1989 年　徳島大学工学部精密機械工学科卒業
1991 年　徳島大学大学院修士課程修了
　　　　　（精密機械工学専攻）
1991 年　和歌山工業高等専門学校助手
1996 年　博士（工学）（徳島大学）
2006 年　和歌山工業高等専門学校助教授
2007 年　和歌山工業高等専門学校准教授
2012 年　和歌山工業高等専門学校教授
　　　　　現在に至る

材 料 学 （改訂版）
Introduction to Engineering Materials（Revised Edition）
　　　　　　　　　　　　　　Ⓒ Norihiro Kuboi, Keizo Kashihara 2000, 2023

2000 年 4 月 28 日　初版第 1 刷発行
2023 年 4 月 28 日　初版第 19 刷発行（改訂版）

検印省略

著　　者　久　保　井　　徳　　洋
　　　　　樫　　原　　　惠　　藏
発　行　者　株式会社　コ　ロ　ナ　社
　　　　　代　表　者　牛　来　真　也
印　刷　所　新　日　本　印　刷　株　式　会　社
製　本　所　有限会社　愛　千　製　本　所

112-0011　東京都文京区千石 4-46-10
発 行 所　株式会社　コ　ロ　ナ　社
CORONA PUBLISHING CO., LTD.
Tokyo Japan
振替00140-8-14844・電話（03）3941-3131（代）
ホームページ　https://www.coronasha.co.jp

ISBN 978-4-339-04486-7　C3353　Printed in Japan　　　　　（鈴木）